バイオ研究者がもっと知っておきたい化学

① 化学結合でみえてくる分子の性質

齋藤 勝裕／著

羊土社のメールマガジン
「羊土社ニュース」は最新情報をいち早くお手元へお届けします！

🐑 **主な内容**
- 羊土社書籍・フェア・学会出展の最新情報
- 羊土社のプレゼント・キャンペーン情報
- 毎回趣向の違う「今週の目玉」を掲載

● バイオサイエンスの新着情報も充実！
- 人材募集・シンポジウムの新着情報！
- バイオ関連企業・団体の キャンペーンや製品，サービス情報！

いますぐ，ご登録を！（登録・配信は無料） ➡ **羊土社ホームページ** http://www.yodosha.co.jp/

序

　本書は『バイオ研究者が知っておきたい化学』というシリーズの一環をなすものです。本シリーズは、バイオを研究する方々に、化学の基礎的な知識を見直していただきたいと思って書いているものです。

　バイオの基礎に化学があることは言うまでもないことと思いますが、バイオにとって化学は一部に過ぎないこともまた確かです。バイオ研究は対象とする現象が多く、その全てを原理に立ち返って反芻吟味していたのでは、次々と押し寄せる新しい発見や事実に埋没してしまいかねない、というバイオならではの事情もあると思います。

　しかし、実は、それだからこそ、化学の基礎知識、基礎原理を身につけることに価値が出てくるのだと思います。このような基礎を自分のものにすると、個々の現象の奥に潜む普遍的な原理が見えるようになります。個々の現象を個々の事情で解釈するのではなく、多くの現象を統一的に解釈する、そのような武器を身につけたら、バイオの研究もさらに進むのではないでしょうか？

　このようなコンセプトのもと、昨年『バイオ研究者が知っておきたい化学の必須知識』を上梓しました。この前作は、バイオ研究者の方々が化学を学ぶきっかけとなるように広範囲な内容をダイジェストで取り上げたため、内容面の深さを犠牲にした部分がありました。そこで、範囲を絞った続編の必要性を感じ、その第1弾として「化学結合」についてより深く体系的にまとめたものが本書です。

　化学結合とは多種類多数個の原子を組み立てて分子にする力です。バイオが分子を扱う研究であることを考えれば、化学結合論はその最も基礎的な部分を明らかにする分野ということができるでしょう。

　分子は固有の物性と反応性を持ちますが、その多くは化学結合に基づく分子構造に由来するものと考えることができます。言い換えれば、分子構造とそれを構成する結合、さらにはその結果醸し出される電子状態がわかれば、分子の物性、反応性は大方予想できることになります。

　化学結合は原子を結びつけるだけではありません。分子を結びつけて更に大きく、更に高次な構造体である超分子を作り上げます。超分子はDNA、タンパク質、生体膜等々、バイオ研究が扱う生命現象の本質的な部分に関与するものです。

　本書を読み終えたとき、皆さんの前には新しいバイオの姿が見えているのではないでしょうか？　個別的な現象の集合体であったバイオが、整然と柱の建ち並ぶ殿堂のように、美しく整理されたものとして見えてくるのではないでしょうか？　本書が皆さんの研究と勉強のお役に立つことを願ってやみません。

　最後に本書刊行になみなみならぬ努力を払ってくださった羊土社の吉川竜文、望月恭彰両氏に感謝いたします。

2009年9月

齋藤勝裕

バイオ研究者がもっと知っておきたい化学 ①

化学結合でみえてくる分子の性質

序

序章 バイオ研究と化学結合 ……………………… 7
　❶ 化学結合の種類と特徴　8／❷ 化学結合は電子雲の分布　10／❸ 化学結合は分子の構造、反応性を支配　12／❹ 化学結合は分子間にも働く　14

第Ⅰ部　化学結合の鍵は原子にある

1章 原子のなりたち ——化学を理解する突破口を開く ……… 17
　❶ 原子を構成するもの　18／❷ 電子のエネルギー——原子の化学的性質を決めるもの　22／❸ 電子殻と軌道——電子の居場所でエネルギーが決まる　24／❹ 電子配置のルール　28／❺ 電子配置と周期表　32／❻ イオン化——電子の移動がエネルギーの放出や吸収を引き起こす　34／❼ 電気陰性度——分子の極性を決める指標　37

2章 放射線と同位体 ——その実体と生体への影響 ……………… 39
　❶ 同位体（アイソトープ）とは　40／❷ 原子はどう生まれたのか——核融合と核分裂　42／❸ 放射能の実体　44／❹ 放射線の危険性——量と時間と種類が問題　47／❺ 原子核反応と半減期　50／❻ バイオで使う同位体　54

第Ⅱ部　化学結合でみえてくる分子の性質

3章　共有結合 ──生体分子を支える大黒柱 ……… 57

❶ 分子の種類　58／❷ 結合の種類　60／❸ 共有結合の本質──水素分子はなぜ結合するのか　65／❹ σ結合とπ結合──有機化合物を作る基本結合　67／❺ 共有結合もイオン性をもつ　70

4章　分子の形 ──反応性を左右する電子状態 ……… 73

❶ 同じ原子同士の結合　74／❷ 軌道は混成する　76／❸ sp^3混成軌道とメタン　78／❹ エタンの構造　81／❺ sp^2混成軌道とエチレン　83／❻ sp混成軌道とアセチレン　86／❼ アンモニアと水の共通点　87／❽ 三員環の構造──三角形でいられる理由　89

5章　不飽和結合 ──共役系が司る分子の性質 ……… 91

❶ 共役二重結合のからくり　92／❷ 芳香族になる条件　94／❸ C＝X結合の構造──意外と複雑な二酸化炭素の結合　97／❹ ヘテロ芳香族化合物──DNAの塩基を作るもの　100／❺ 置換基からみた分子の性質──OH基が酸になるとき　104／❻ 置換基効果──電子の動きが生まれるしくみ　110

6章　分子軌道法 ──化学結合を定量化する ……… 113

❶ 軌道は関数で表される　114／❷ 反結合性軌道とは──分子軌道法のカナメ　115／❸ 結合エネルギーは定量化できる　117／❹ エチレンでみる分子軌道の基本　120／❺ 共役化合物の分子軌道　122／❻ 分子軌道法で物性、反応性もわかる　124／❼ 芳香族の分子軌道──ベンゼンはなぜ安定なのか　128／❽ HOMOとLUMO──分子の反応性を知るための指標　131

● contents

第Ⅲ部　分子間力を化学的に捉えてみよう

7章　配位結合 ―錯体から学ぶその特性 ……………… 135

❶ 配位結合とは―共有結合と似て非なる結合　136／❷ 錯体は配位結合を作る　139／❸ ヘムとクロロフィルの構造　142／❹ 結晶場理論からみた錯体―d軌道は分裂する　145／❺ 錯体の電子状態―磁性や色彩を決めるしくみ　148

8章　分子間力 ―高次の分子を作る立役者 ……………… 151

❶ 水素結合―水分子はなぜ会合するのか？　152／❷ ファンデルワールス力―いつでも何処でも起こりうる引力　156／❸ ππスタッキング―芳香環も互いに引き合う　158／❹ 電荷移動相互作用―分子間のイオン結合　160／❺ 疎水性相互作用―分子膜、細胞膜を構成する引力　162

9章　超分子 ―DNA、タンパク質を化学する ……………… 163

❶ 分子膜のしくみ―細胞膜はなぜ流動的なのか　164／❷ タンパク質の立体構造　167／❸ DNAの構造―AとT、CとGが組み合わさる理由　169／❹ 超分子構造を変化させるもの―pH、温度、濃度　171／❺ 超分子の医療への応用　175

参考図書 …………………………………………………… 178
索　　引 …………………………………………………… 179

コラム

元素記号の由来 …………… 21	魔法数 ……………………… 53
電子殻がK殻から始まるワケ …… 25	O＝C＝O結合の一歩進んだ解釈 … 103
量子という考え方 ………… 26	共鳴法 ……………………… 126
電子殻と軌道の違い ……… 27	分子間力の強度 …………… 161
多重度：電子配置の安定性の指標 … 31	

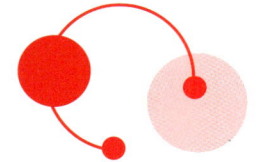

序章

バイオ研究と化学結合

　バイオは生体の機能を解明する研究です。DNAの遺伝作用、タンパク質の酵素作用、代謝、植物の光合成など、バイオの研究領域はたくさんあります。バイオは、分子生物学に代表されるように、多くの場合、研究の焦点は分子に当てられます。DNA、タンパク質、糖、クロロフィル、どれもみな分子です。すなわち、バイオは分子の広い機能のうち、生体に関連した分野を研究する学問とみなすことができます。したがって、バイオを研究するのに、分子の基礎的な理解が必須なのは言うまでもないことです。

　分子の研究は構造面と機能面に分けることができます。また機能は分子1個で発現する単分子的なものと、集合体になって初めて発現するものがあります。いずれにしろ、分子の機能は分子の構造の上に発現するものです。したがって分子の機能を研究するためには分子の構造面への深い理解が必要になります。

　分子は原子が集合して作った構造体です。そして分子を作る原子は互いに結合しています。すなわち分子構造を研究するということは結合を研究することにつながります。また、分子が集合体として機能するときには分子間に弱い結合が発現します。この結合を分子間力といいます。

　本書はこのような結合を、バイオの見地から見直してみようというものです。本書を読み終えた後には皆さんの分子を見る目が変わっているのではないかと思います。決して難しい話ではありません。ものは試し。バイオのための結合論をみてみましょう。

　本章は、読者の皆さんがそのようなバイオのための化学結合論に入ってゆくための導入の章です。本書がこれから取り扱う主な項目と、そのための簡単な予備知識をまとめてあります。軽い気持ちで読み進んでください。きっと、次章からの各論に入ってゆくのが楽しみになるでしょう。

序章 バイオ研究と化学結合

1. 化学結合の種類と特徴

化学結合は単に結合ともいい、原子を結びつけて分子にする力です。結合は重力などと同じように、物質の間に働く引力の一種ですが、重力と違い、きわめて近い距離の間でしか働かないという特色があります。

1 化学結合とは

結合には多くの種類があります。しかし、大きく分類すると、原子の間に働くものと、分子の間に働くものに分けることができます。

普通に結合というと、原子を結合して分子を構成する結合をいいます。しかし、バイオの特徴は分子間に働く結合が重要な働きをするということにあります。分子の性質には、原子間距離とか、結合角度などのように、分子1個を調べれば明らかになる性質があります（図0-1）。

一方で、融点や沸点、粘度などは分子1個をどのように詳細に調べても決してわかりません。これらの性質は分子が集団として機能するときに初めて発現する性質なのです。そして、これらの性質に大きく影響するのが分子間の結合なのです。

2 原子間結合の種類

原子間の結合には、食塩（塩化ナトリウム）NaClを構成するイオン結合、鉄や亜鉛を構成する金属結合などがあります（図0-2）。しかし、バイオで活躍する有機分子を構成する結合はほとんどすべてが共有結合です。

共有結合は最も化学結合らしい結合ですが、少々複雑です。共有結合はまずσ（シグマ）結合とπ（パイ）結合という、多分耳慣れない結合に分類することができます。そしてこの2種類の結合が組み合わさって単結合、二重結合、三重結合などの耳慣れた結合が発生するのです（3，4章参照）。

また、ヘモグロビン、クロロフィルなどで、金属原子（イオン）と有機物が結合するものに配位結合というものがあります（7章参照）。バイオ分野における配位結合の研究は今後ますます発展するものと思われます。

3 分子間力の種類

分子間に働く結合は原子間に働く結合に比べれば弱い力です。そのため、結合とは呼ばれず、分子間力と呼ばれます。

分子間力として最もよく知られているものは水素結合でしょうが、そのほかにファ

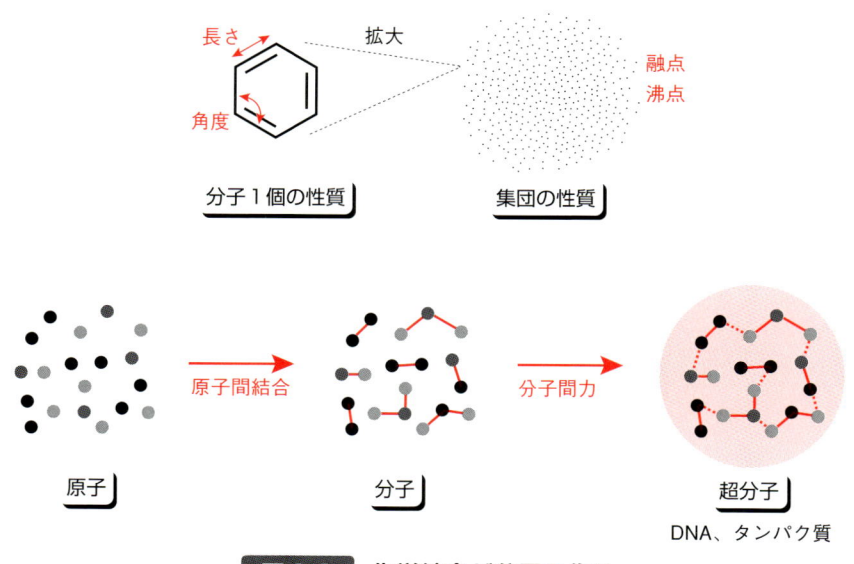

図 0-1 化学結合が分子を作る

原子間結合	イオン結合		
	金属結合		
	共有結合	σ結合	単結合
		π結合	二重結合
			三重結合
分子間力	配位結合		
	水素結合		
	ファンデルワールス力		
	疎水性相互作用		
	ππスタッキング		

図 0-2 化学結合の種類

ンデルワールス力、疎水性相互作用、ππスタッキングなど個性的な結合があります（図 0-2）。分子間力は DNA において特有の塩基同士を結びつける力、タンパク質の立体構造を形成保持する力、酵素作用において酵素と基質を選択的に結びつける力など、生体の重要な機能発現の場でキャスティングボードを握る結合として重要な働きをします（8, 9 章参照）。

分子間力を理解すると、生体中での分子の動きが"見える"ようになることでしょう。

序章　バイオ研究と化学結合

2. 化学結合は電子雲の分布

> 金属結合やイオン結合の本質はプラスとマイナスの電荷の間に働く静電引力とみなすことができます。しかし、共有結合ではチョット変わっています。バイオで扱う分子の多くは有機化合物であり、有機化合物はほとんどすべての部分が共有結合で成り立っています。したがって、バイオの研究を進めるためには共有結合の理解が必須になります。
> ここでは、各論を理解するための足がかりを作っておくことにしましょう。

1 電子雲が原子の性質を決める

原子は原子核と電子からできています。原子核は小さく重い粒子であり、原子の奥深い中心にあります。原子核の周りを取り囲むのが、軽くて軟らかくフワフワした電子雲です（図 0-3）。

もし原子を見ることができたら、見えるのは外側の電子雲だけになります。また、原子同士が衝突した場合、実際に触れ合うのは電子雲だけです。ということは原子の性質を決定するのは電子雲ということになります。すなわち、化学というのは電子雲の科学と言い直すこともできるのです。

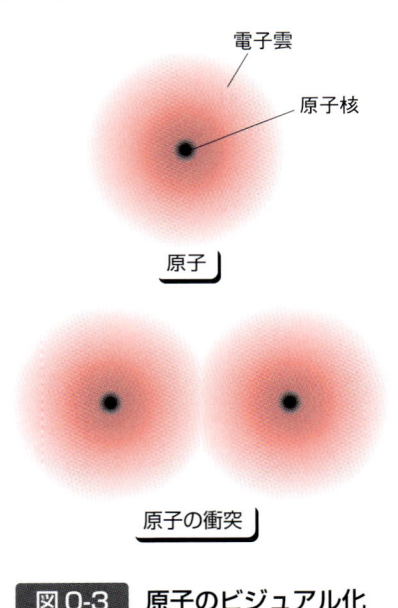

図 0-3　原子のビジュアル化

2 電子の移動とイオン結合

結合も原子の性質の表れの1つとみることができます。原子から電子が取れれば陽イオンとなり、反対に加われば陰イオンとなります。このようにしてできた陰陽両イオンの間の静電引力がイオン結合の本質になります（図 0-4）。すなわち、結合のなかには電子移動の結果生じているものもあるのです。

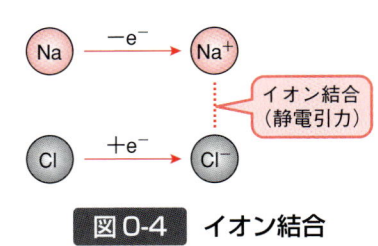

図 0-4　イオン結合

3 結合電子雲が共有結合を作る

　共有結合も電子雲の働きによるものであり、共有結合を構成する電子雲は特に結合電子雲と呼ばれます。共有結合は、結合する2個の原子がこの共有結合電子雲を持ち合うことによる結合なのです（図0-5）。

　共有結合の特徴は分子を構成する原子の間で電子の移動がないということでしょう。典型的な共有結合でできた分子である水素分子は、分子を構成する2個の水素原子は両方とも中性のままです。

　共有結合では、原子の間に存在する結合電子雲があたかも糊のような働きをしていると考えることができます。共有結合については、3章で詳しく取り上げます。

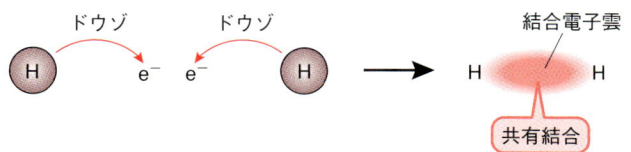

図0-5　共有結合と結合電子雲

4 結合のイオン性

　水素分子のような典型的な共有結合分子を除けば、多くの共有結合分子には電気的にプラスの部分とマイナスの部分が生じています。これは共有結合にイオン結合が混じったようなものであり、結合分極といわれます（3章参照）。

　結合分極は原子が電子を引きつける度合いに強弱があることに起因します。このような電子を引きつける度合いを電気陰性度といいます（1章参照）。酸素Oと水素Hでは電気陰性度はOのほうが大きいです。そのため、O−H結合では結合電子雲を酸素が奪い、その結果Oは幾分マイナスに、Hは幾分プラスに帯電します。すると、OとHの間に静電引力が生じ、という具合に、結合の輪は次々と広がってゆきます（図0-6）。

　生体の中の分子はこのようにすべてが関連しあって機能しているのです。

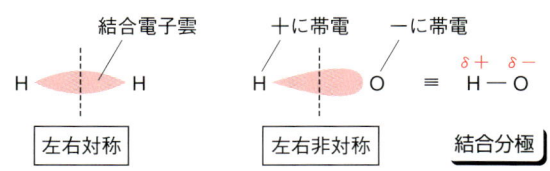

図0-6　電気陰性度の差による結合分極

序章　バイオ研究と化学結合

3. 化学結合は分子の構造、反応性を支配

> イオン結合は、プラスとマイナスの電荷の間に働く静電引力です。したがって方向に関係なく作用します。
> しかし共有結合には方向性があります。この結果、分子に構造が導入されます。

1 分子構造と結合

分子には形があります。分子の形というのは、原子核を結んだ線が表す幾何学的な形をいいます。

分子には図0-7のように、いろいろの形をしたものがあります。同じように3個の原子でできた分子でも、水H−O−Hは"く"の字型に曲がっていますし、二酸化炭素O=C=Oは直線状です。メタンCH_4は海岸に並ぶ波消しブロックのテトラポッドのような形ですし、ベンゼンは六角形の平板状です。そして、これらの構造は共有結合の方向と個数によるのです。

このように、結合は分子の形と構造を決定するのです（4章参照）。

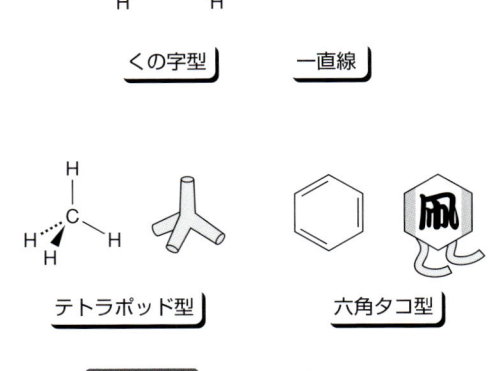

図0-7　分子の形いろいろ

2 物性と結合

エタノールCH_3CH_2OHとジメチルエーテルCH_3OCH_3はともに分子式がC_2H_6Oであり、構成原子は同じです（図0-8）。しかし、エタノールはお酒に含まれるアルコールであり、飲めば愉快になります。しかし、ジメチルエーテルを飲む人はいませんし、飲んだらかなり危険なことになるでしょう。

すなわち、同じ原子でできた分子でも、結合がどのようになっているかでその性質は全く変わってしまうのです。

このように、結合は分子の性質、物性を決定する力があります。

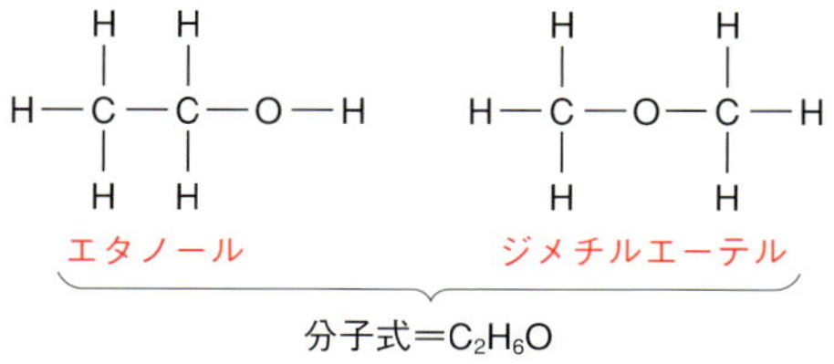

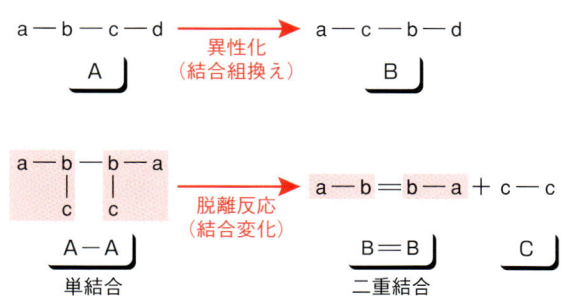

図 0-8 同じ原子でできた構造の異なる分子

3 反応性と結合

　化学反応には多くの種類がありますが、どのような反応にしろ、必ず結合の変化が伴います。

　例えば図 0-9 上の A → B のように、分子式の変化を伴わない反応を異性化といいます。異性化は原子の結合順序が変化しただけの反応です。しかし図 0-8 の例でみたように、結合順序が違えば、分子は全く異なったものになります。

　図 0-9 下に示した A−A → B=B + C の反応は、A_2 という分子から C がとれ、B_2 が生成したもので、一般に脱離反応といわれます。この反応では A−A という単結合が B=B という二重結合に変化しています。

図 0-9 異性化と脱離反応

　このように、反応は結合の変化と言い直すこともできます。結合は、言ってみれば化学のすべてと言ってもよいようなものです。結合をキチンと理解すれば、それをもとにして化学のかなりの部分を理解することができます。しかし、結合を理解しないと、多くの"化学知識"が根拠の乏しいアヤフヤなものになり、応用の利かない、要するに役に立たない"知"になってしまいます。それは糸と織物の関係のようなものです。

　断片的な"知"を組織立った"知識"にするためには哲学が必要です。結合は化学においてその哲学の役割を果たしているのです。皆さんはすでにたくさんの糸をお持ちです。それをきちんとした織物に仕上げるとその糸は美しい体系となり、生きたものとなります。本書はそのようなお手伝いをしようというものです。

序章　バイオ研究と化学結合

4. 化学結合は分子間にも働く

多くの化学結合は原子間に働き、原子を結びつけて分子にします。しかし、本章1節で簡単に触れたように、結合のなかには分子同士を結びつけるものもあるのです。

1 分子を引きつけあう力

本章2節で述べたようにO−H結合は結合分極を起こし、酸素がマイナス、水素がプラスに荷電しています。プラスに荷電した粒子とマイナスに荷電した粒子が近づけば両者の間に静電引力が働きます。

水の場合に、まさしくこのことが起こります。すなわち、2つの水分子の酸素と水素の間で静電引力が生じるのです（図0-10）。このようにO−H…Oの結合関係で、…で表した部分を水素結合といいます。水では水素結合は水分子を結びつける力となっており、この結合によって水分子は多くの間に結合を生じ、緊密な集合体を作ります。このような集合を一般に会合体といいます。

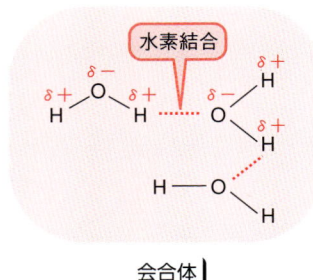

図0-10　水分子の水素結合

ちなみに氷は、無限大ともいえる個数の水分子が水素結合によって三次元に緊密に結合したものです。

2 分子の立体構造を形成保持する力

分子間に働く力は分子内で働くこともできます。長い分子、すなわち天然高分子の離れた位置にある2個のO−H結合はあたかも異なる分子に存在するO−H結合のように水素結合することができます。

A) アミノ酸とタンパク質

天然高分子といえば代表的なものはタンパク質でしょう。天然のタンパク質は一部の例外を除き20種類のアミノ酸が固有の順序で並び、結合したものです。しかし、ただ隣り合ったアミノ酸が結合しただけでは機能的なタンパク質とはなりません。

機能的なタンパク質になるためには、満たさなければならない約束があります。そのような約束の1つが立体構造です。タンパク質は再現性のある特定の立体構造をもたなければなりません。例えば牛のプリオンタンパク質の場合、固有の立体構造を保持していれば正常な機能を果たします。しかし、何かの事情で本来の立体構造が崩れ

オカシナ立体構造をとると、機能も変化してしまいます。これが狂牛病に関与しているのではないかと考えられていますが、この2つは別のタンパク質とみなされます。

B) 分子間力

タンパク質の立体構造の形成・保持には、分子間力が重要な働きをしています。例えば、分子内の適当に離れた位置にある2個のO-H原子団（ヒドロキシ基）の間で生じた水素結合によって、長い毛糸の特定部分がピンで留められたような構造になるのです。このような"ピン留め構造"によってタンパク質の固有の立体構造が形成され、保持されるのです。

水素結合はO-H間の結合に限りません。いくつかの原子団（基）、S-H、NH_2、C＝Oなどが生体分子内に水素結合を作ることが知られています。分子内に形成されて立体構造を保持する力をもつ結合として、S-S結合（ジスルフィド結合）などの共有結合のほか、ファンデルワールス力、疎水性相互作用などの分子間力も重要な役割を果たしています。分子間力については8章で詳しく解説します。

3 分子を高次構造体にする力

水分子は何個もの分子が水素結合によって緊密に結合し、会合体を構成しています。しかし、会合体を作るのは水だけではありません。

DNAは二重らせんといわれます。これは、2本の長い高分子鎖が水素結合を作って引きつけあい、特有の二重らせん構造をとっているためです（図0-11）。このように複数個の分子が分子間力で引きつけあい、特有の高次構造体を作ったものを特に超分子といいます。

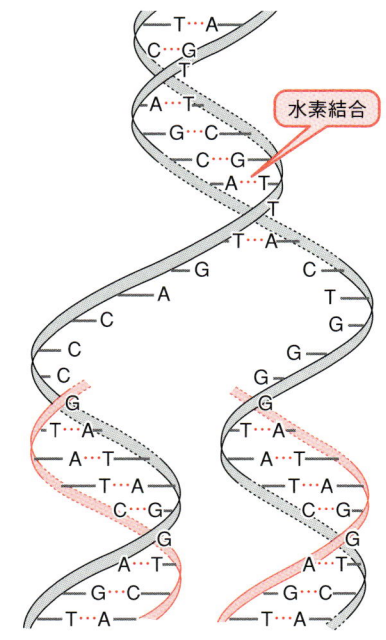

図0-11 DNAの二重らせん構造

このような例には、ほぼ同じ構造をもった2種類4個のタンパク質が作ったヘモグロビンがあります。また、生体反応において決定的な役割を果たす酵素が基質と組み合わさった構造体も超分子の一種とみなすことができます。
　このように、分子間力は分子の立体構造、超分子構造を構成、維持するのに決定的に重要な役割を果たしているのです。

　さあ、これで導入は終わりです。いかがでしたか？　大体はご存知のことだったのではないでしょうか？　次章からは、これらのことをさらに詳細に、正確に検討してゆきます。楽しみにしていてください。

第 I 部　化学結合の鍵は原子にある

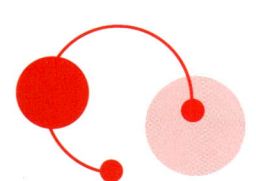

原子のなりたち
——化学を理解する突破口を開く

　宇宙は130億年前のビッグバンによって始まったといわれます。この爆発で飛び散ったのが水素原子Hです。ですから宇宙は水素原子で埋まっています。水素原子は今も高速で飛び続けています。逆にいえば、水素原子のあるところが宇宙であり、水素原子がまだ届いていない部分は宇宙ではない、ということもできます。

　宇宙に飛び散った水素の濃度には濃淡があります。濃いところは集まり、重力によって濃縮され、発熱して高熱になりました。このようにして核融合が始まり、莫大なエネルギーを放出しました。これが恒星です。恒星は元素の製造工場であり、水素はヘリウムHeに、ヘリウムはベリリウムBeにと成長し、最後に鉄Feになりました。

　鉄はそれ以上核融合しないため、恒星はエネルギーを失って収縮し、ついに爆発しました。このときにできたのが鉄より原子番号の大きい元素です。その元素が集まったのが惑星であり、地球なのです。その地球上の元素が集まってできたのが私たちの接する物質であり、また、私たち、生体なのです。

　すなわち、生体を含めてすべての物質は原子からできているのです。生体の構造を明らかにするためにはまず、原子の構造を明らかにする必要があります。

第I部　1章　原子のなりたち―化学を理解する突破口を開く

1. 原子を構成するもの

　宇宙には無限大ともいえる種類の物質があります。そしてすべての物質は分子からできています。分子のなかには、希ガス元素のように、1個の原子からできた一原子分子もありますが、数種類の一原子分子を除けばすべての分子は複数個の原子が結合したものです。

　したがって、生体を含めて物質の性質を明らかにしようとしたら、分子の性質を明らかにしなければなりません。そしてそのためには、原子と結合の性質を明らかにしなければならないことになります。

1　原子と元素

　原子を明らかにする前に用語を整理しておきましょう。「原子」と「元素」です。紛らわしい言葉ですが、原子は物質であり、元素は概念です。

　ですから原子は1個、2個と数えることができ、これが原子だといって人に見せることができます。しかし、概念である元素ではそれは無理な話です。たとえてみれば、私たち"一人一人"が原子です。それに対して"人間"とか"日本人"というのが元素です。

2　原子構造

　原子は綿菓子、あるいは雲でできたボールのようなものです（図1-1）。雲のように見えるのは電子雲と呼ばれ、何個かの電子の集まりです。電子は粒子と考えることもでき、非常に小さい値ですが質量をもち、電荷ももっています。電荷には最少量が

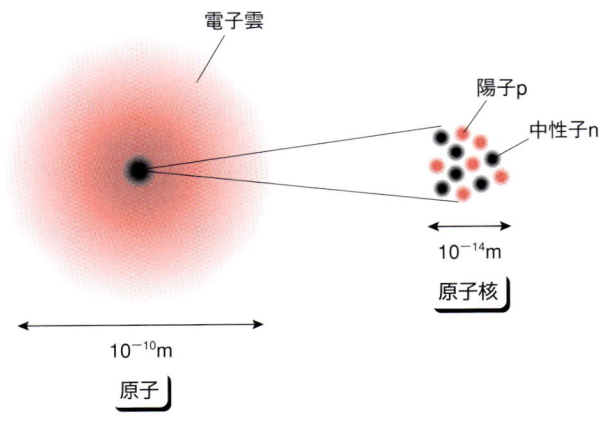

図1-1　原子の構造

あり、電子の電荷量がその最少量に相当します。この電荷を化学では−1と数えます。したがってZ個の電子からできた電子雲の電荷は−Zということになります。

電子雲の奥深く、原子の中心には原子核が存在します。原子核も電荷を帯びており、その電荷量は+Zです。このため、電子雲のマイナス電荷と原子核のプラス電荷が相殺するため、原子は全体として電気的に中性となっているのです。

3 原子核の構造

原子核は小さく、密度の大きい粒子ですが、2種類の粒子からできています。陽子pと中性子nです（図1-1, 1-2）。

陽子と中性子の質量はほぼ同じですが、電荷が違います。1個の陽子は+1の電荷をもっています。すなわち、電子の電荷に比べて符号は反対ですが、絶対値は同じです。ですから、Z個の電子をもつ原子の原子核はZ個の陽子からできていることになります。原子核を構成する陽子の個数Zをその原子の原子番号といいます。一方、陽子と中性子の個数の和を質量数といい、記号Aで表します。Aは元素記号Wの左上に、Zは左下にそれぞれ添え字としてつけて表されます（図1-3）。

	名称	記号	電荷	質量(kg)
原子	電子	e	−1	9.1091×10^{-31}
原子核	陽子	p	+1	1.6726×10^{-27}
原子核	中性子	n	0	1.6749×10^{-27}

図1-2 原子の構成要素と性質

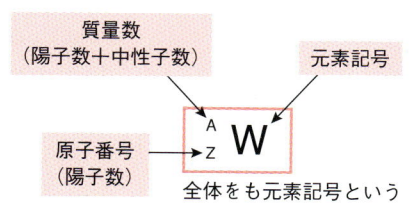

図1-3 元素記号の表し方

4 原子の大きさ

　原子は非常に小さいものです。原子の直径は 10^{-10} m のオーダーです。これは 0.1 nm（ナノメートル）ということになります。すなわち、ナノテクの語源になっているナノメートルの 1/10 です。

　原子を拡大して 1 円玉の大きさにしたとしましょう。このとき、1 円玉を同じ大きさで拡大すると日本列島ほどの大きさになってしまいます（図1-4）。原子はそれほど小さいということです。

　しかし、小さいとは言っても、水素のように非常に小さいものから、ウランのようにかなり大きいものまで、いろいろあります。図1-5 はそのおよその大きさの比較を表したものです。生体を構成する原子としては炭素 C が中心になるでしょうが、それと比べて、カリウム K、カルシウム Ca はかなり大きいことがわかります。

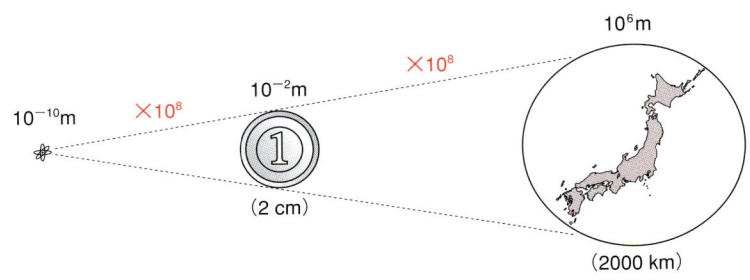

図1-4　原子の大きさのイメージ

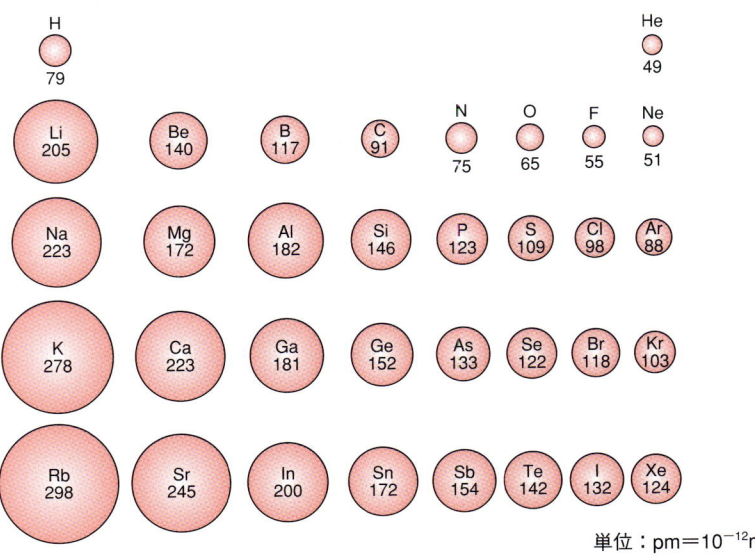

単位：pm＝10^{-12}m

図1-5　主な原子の直径

5 原子核の大きさ

　一方、原子核の直径はさらに小さく、10^{-14} m のオーダーです。これは原子直径の1万分の1であり、原子核を直径1 cm とすると原子直径は 10^4 cm ＝ 100 m ということになります。すなわち、東京ドームを2個張り合わせた巨大ドラ焼きを原子としたら、原子核はピッチャーマウンドに置いたパチンコ玉くらいの大きさになってしまいます。

　これだけ小さい原子核ですが、原子の質量の99.9％ほどは原子核の重さです。すなわち原子の大部分は、体積だけあって質量は無視できる電子雲でできているのです。

　これは分子も同じです。水というと、酸素と水素の球がくの字型に結合したものを思い出しますが、これは、電子雲を主体にした幻のようなもので、質量の99.9％をもった原子核は、図に書くこともできないほど小さい点になってしまうのです（図1-6）。

　物質にしろ、生体にしろ、すべての分子はこのように雲のような幻のような電子雲でできている、ということは記憶にとどめておいてもよいのではないでしょうか。

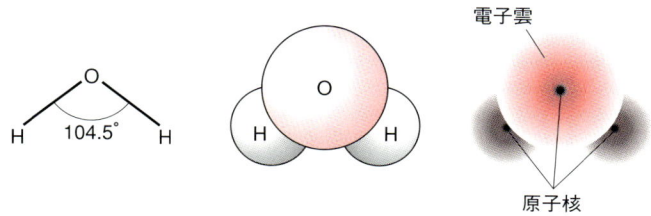

図1-6　水分子の構造

■ 元素記号の由来

　元素記号は元素の名前の頭文字、もしくは頭文字を中心とした文字の組み合わせによって作られます。元素の名前は英語（水素 Hydrogen：H）、フランス語（銀 Argent：Ag）、ラテン語（ナトリウム Natron：Na）など、いろいろです。意味も神様（ヘリウム、ギリシア神話のヘリオス）、人名（キュリウム、キュリー婦人）、国名（アメリシウム、アメリカ）、地名（カリフォルニウム、カリフォルニア）など、いろいろあります。

第Ⅰ部　1章　原子のなりたち──化学を理解する突破口を開く

2. 電子のエネルギー
──原子の化学的性質を決めるもの

> 原子の性質は電子によって決定されます。原子核はその原子の電子数を決定し、原子の重さを決定するくらいの働きしかありません。原子の化学的性質のほとんどは電子によって決定されます。
> そのような電子の働きをみる場合に非常に大切な量があります。それは電子のもっているエネルギー、電子エネルギーです。

1 自由電子のエネルギーが基準

はじめに言っておくと、電子のエネルギーは位置エネルギーと同じ感覚なのだ、ということを頭に入れておくと、これからの話がわかりやすいと思います。

電子は原子の中にだけあるものではありません。宇宙線の一種であるβ線の正体は電子であることからもわかるように、原子とは無関係な電子も存在するのです。このように、原子に属さない電子のことを自由電子といいます。

自由電子は勝手気ままで誰にも拘束されません。質量がありますから、多少は重力の影響を受けるでしょうが、この際無視しましょう。

この自由電子の位置エネルギーを0とし、原子、分子のすべてのエネルギーの基準とすることにします。したがって、自由電子のエネルギーはこれより下（マイナス）になることはありません。もし自由電子が運動したら、その運動エネルギーの分だけエネルギーは（プラスに）増加します。

2 原子の電子がもつエネルギー

自由電子に対して、原子に組み込まれた電子は原子核の影響を受けます。というのは、電子はマイナスの電荷をもち、原子核はプラスの電荷をもちます。したがって両者の間には静電引力というエネルギーが生じるのです（図1-7）。このエネルギーは電子と原子核の距離rの二乗に反比例し、原子核の電荷量Zに比例します。

このエネルギーを先ほどの自由電子の位置エネルギーに対してマイナスに計ることにします。ですから、引力が大きければ大きいほど、グラフ上では下に行きます。すなわち、原子核に近い電子のエネルギーはマイナスに大きい（絶対値が大きい）ことになります。

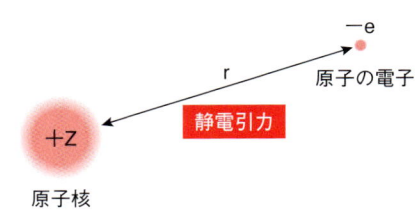

図1-7　原子核と電子の間に働く静電引力

3 原子の安定性はエネルギーでわかる

　化学では、すべてのエネルギーを前項のように定義したグラフを用いて表します。そしてグラフで下にあるものは低エネルギーで安定であり、上にあるものは高エネルギーで不安定であると考えます。位置エネルギーと同じ感覚です。

　ただし、ここでいう安定・不安定はエネルギー的な意味での安定性（熱力学的安定性）です。安定性にはもう1つ、反応しやすいかどうか、という観点からみた安定性（速度論的安定性）がありますが、それは次巻のほうでみることにしましょう。

　電子が図1-8のようなグラフ上で、下から上に行くためには、そのエネルギー差ΔEに相当するエネルギーを外界から取り入れる必要があります。このような過程を吸熱過程といいます。反対に上から下に行くときにはそのエネルギー差を外部に放出します。これを発熱過程といいます。これが反応熱や発光などの原因になるのですが、それについては次巻以降でみることにしましょう。

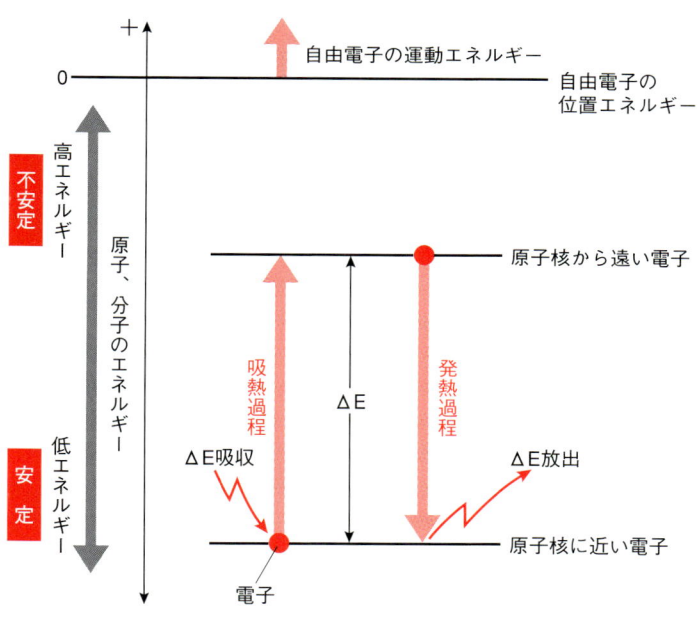

図1-8　エネルギー状態を表した模式図

3. 電子殻と軌道
—電子の居場所でエネルギーが決まる

> 原子を構成する電子は、原子核の周囲に適当に漂っているわけではありません。電子は厳密にクラス分けされ、それによって漂う場所を指定されています。これを電子殻や軌道といいます。

1 電子殻

原子を構成する電子は電子殻に入ります。電子殻は、原子核の周りに層を成して球殻状になって存在するもので、内側のものから順にK殻、L殻、M殻…などと、Kから始まるアルファベットの名前がついています（図1-9）。

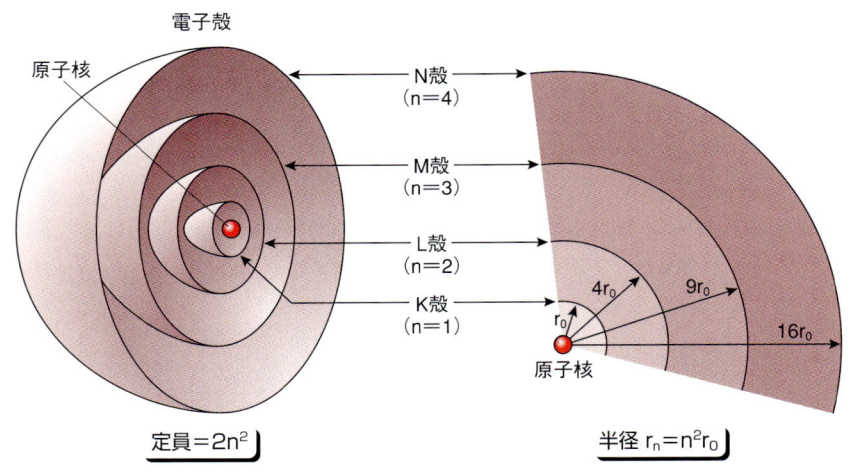

図1-9 電子殻のしくみ

A) 定員と量子数

電子は好きな電子殻に勝手に入れるわけではありません。電子殻には定員が決まっています。それはK殻（2個）、L殻（8個）、M殻（18個）…というものです。この個数はnを整数とすると$2 \times n^2$になっていることがわかります。そしてnはK殻（1）、L殻（2）、M殻（3）…となっています。

このnは量子数と呼ばれ、原子、分子の性質を解き明かす量子化学では決定的に重要な意味をもつ数字ですが、ここでは、紹介しておくにとどめましょう。

B) 電子殻の半径と量子数

電子殻は半径とエネルギーをもっていますが、それらも量子数によって決定されま

す。すなわち、最も小さい電子殻は、最も内側のK殻です。そして、他の電子殻の半径はK殻の半径r_0のn^2倍になります。ですから、L殻の半径はK殻の4倍、M殻は9倍になります（図1-9）。

C）電子殻のエネルギーと量子数

一方、エネルギーでは最も安定（マイナスに大きい、絶対値が大きい）なのはK殻です。このエネルギーをE_0とすると、他の電子殻のエネルギーはE_0の$1/n^2$になります。ですからL殻のエネルギーはK殻の1/4、M殻は1/9になります。すなわち、量子数が大きくなるにつれて高エネルギーになってゆくのです（図1-10）。

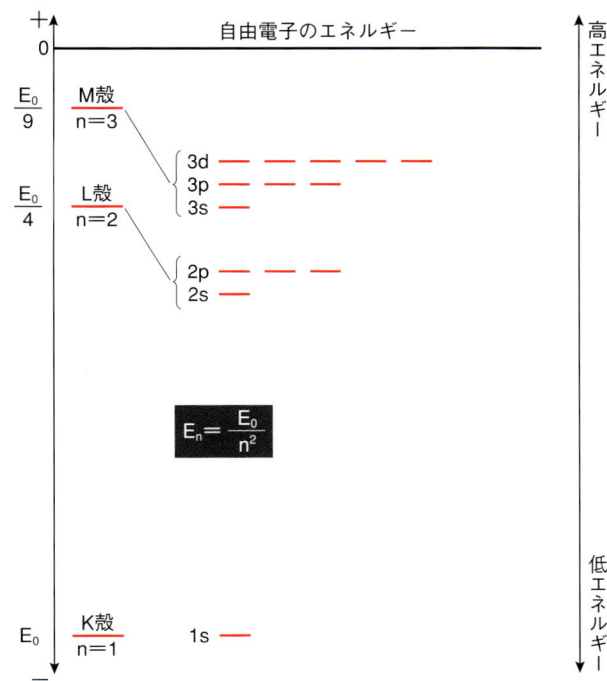

図1-10 電子殻のエネルギーと軌道

■ 電子殻がK殻から始まるワケ

電子殻の名前がなぜアルファベットの途中のKから始まるかには理由があります。それは、最初にK殻を発見した化学者が、それが最小の電子殻だという自信がもてなかったからなのだそうです。

そのため、後にさらに小さい電子殻が見つかったときにも命名に困らないように、とアルファベットの中間から名前をつけたのだそうです。化学者の奥ゆかしさの象徴のような話です。

2 軌道

電子殻を詳細に検討すると、いくつかの軌道に分かれていることがわかります。電子殻と軌道の関係は、学校の学年とクラスにたとえるとわかりやすいかもしれません。

A) 軌道のエネルギー

電子殻は学年です。学年が違うと学力がうんと違うように、電子も電子殻が違うとエネルギーは大きく変わります。しかし、同じ学年でも理系クラスと文系クラスなどがあるように、細かくみると学力に差があります。それと同じように、同じ電子殻のなかにも、高エネルギーの軌道と低エネルギーの軌道があるのです。

軌道にはs軌道、p軌道、d軌道などがあります。同じ電子殻に属する軌道ならば、そのエネルギーはs＜p＜dの順に高くなります（図1-10）。

s軌道はK殻にもL殻にも存在しますので、区別するために電子殻の量子数を前につけて1s軌道（K殻）、2s軌道（L殻）などと呼びます。p軌道に関しても同様です。s軌道は1個ですが、p軌道はp_x、p_y、p_zの3個セットになっています。d軌道は5個セットです。

B) 軌道の形

軌道には独特の形があります。これは、その軌道に属した電子が形作る電子雲の形のことですが、一般に軌道の形といいます。

s軌道の形は球形です。お団子型です。

p軌道は2個のお団子を串に刺したみたらし型です。p軌道は3個セットですが、これらセットになった軌道は同じ形で、同じ性質をもっています。違いは方向です。すなわち、p_xはみたらしの串がx軸方向に向いているのです。p_y、p_zはそれぞれy軸、

■ 量子という考え方

量子化学では量子が重要なテーマとなります。量子は概念です。電子や分子のような物質ではありません。量子とは簡単にいえば単位です。量子化学ではエネルギーは量子になっています。これを、エネルギーが量子化されているといいます。

このようなヤヤコシイ話は例で考えるのが一番です。水を考えましょう。水道水は連続量です。1Lでも、7.53Lでも、好きな量だけ汲み取ることができます。しかし、コンビニのミネラルウォーターは1Lのペットボトルで売られています。0.83Lだけほしいと思っても1Lのペットボトルを買わなければなりません。1.02

Lほしいと思ったら2L買わなければなりません。これはミネラルウォーターが1Lという単位に量子化されているからなのです。

原子、分子の世界ではエネルギーだけでなく、いろいろの量が量子化されています。量子数は量子を何個用いるか、という面で影響をもちます。

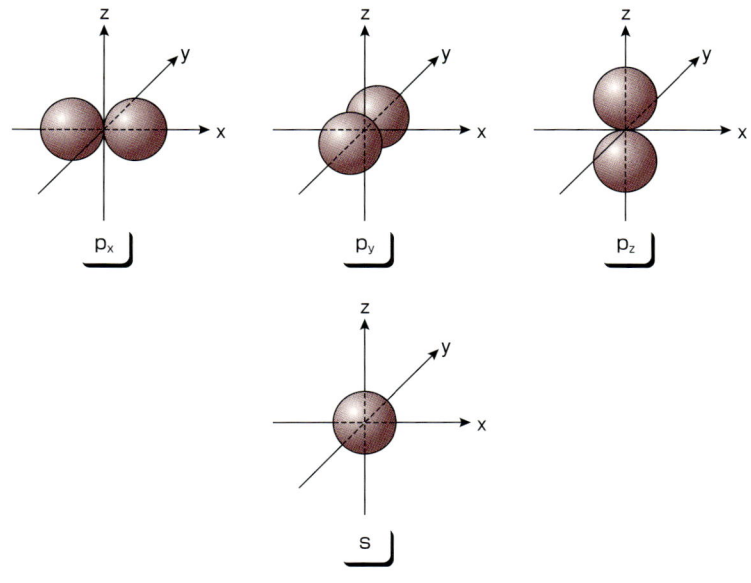

図 1-11 s軌道とp軌道の形

z軸方向を向いています（図1-11）。

d軌道の形は後の錯体の章でみることにしましょう（7章参照）。

C) 軌道の定員

電子殻と同様に軌道にも定員がありますがそれは簡単で、すべての軌道の定員は2個です。したがってs軌道1個からなるK殻の定員は2個であり、s軌道1個とp軌道3個からなるL殻の定員は8個となり、電子殻の定員は前項でみたものと一致します。

■ 電子殻と軌道の違い　Column

電子殻は軌道でできているといいました。しかし、L殻の軌道、2s、$2p_x$、$2p_y$、$2p_z$の形を重ね合わせても、球殻状のL殻の形になるとは思えません。なぜでしょう？

軌道の形は原子が特殊な環境に置かれた場合の形なのだ、と思えばよいでしょう。宇宙空間に1個で浮かんでいる原子にはどこからの力（量子化学ではこの力を摂動といいます）も加わりません。このような状態の原子（電子雲）は完全な球状です。

しかし、隣に他の原子が来て、結合のような相互作用を起こそうという場合には、摂動が加わります。そのような摂動が来たら、どのように対処しようか、と身構えた状態の電子雲、それを軌道と考えればよいでしょう。

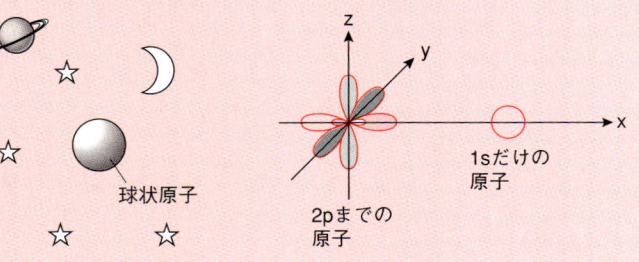

第Ⅰ部　1章　原子のなりたち──化学を理解する突破口を開く

4. 電子配置のルール

電子は電子殻の中の軌道に入りますが、好きな軌道に勝手に入れるわけではありません。軌道に入るためにはそれなりの約束があります。マンションの入室規則のようなものです。電子がどの軌道にどのような状態で入っているかを表したものを電子配置といいます。原子の性質はこの電子配置によって決まるといっても過言ではないでしょう。

1 電子配置の規則

電子がどの軌道に入るかを定める規則には、パウリの排他原理と、フントの規則という2つの規則があります。しかし、ここではそれらをまとめて、わかりやすい簡単な形にして紹介しましょう。

A) 電子スピン

しかし、その前に明らかにしておかなければならない電子の性質があります。それは電子のスピンです。電子はスピン（自転）しており、そのスピン方向には右回転と左回転の2種があります。化学ではこのスピン方向を上下方向の矢印で区別することになっています（図1-12A）。しかし、右回転が上向きだとかという対応は全くありません。ただ単にスピンの違いを示すだけです。

B) 入室規則

さて、軌道への入室の規則は以下のようなものです（図1-12B）。
①エネルギーの低い軌道から順に入る。

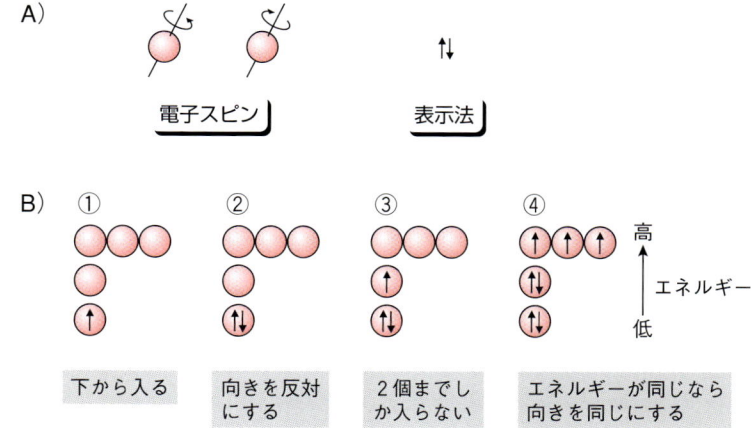

図1-12　電子スピンと電子配置のルール

②1個の軌道に2個の電子が入るときには、電子のスピン方向を反対にしなければならない。
③1個の軌道には電子は2個までしか入ることはできない。
④軌道エネルギーが同じならば、スピン方向を同じにしたほうが安定である。

2 第1周期の電子配置

それでは、これらの規則に従って、周期表に沿って実際の原子に電子を入れていきましょう（図1-13）。順序に従ってまず第1周期の元素です。この周期はK殻すなわち1s軌道に電子が入っていきます。

H： Hの電子は1個です。考える余地はありません。約束①に従って最低エネルギー軌道の1s軌道に入ります。矢印の向きはどちらでも結構ですが、ここでは上向きにしておきましょう。

He： Heの2番目の電子は約束①、②に従って1s軌道にスピンを逆にして入ります。このように、1個の軌道に入った2個の電子を電子対と呼びます。一方、水素の電子のように、1個の軌道に1個だけ入った電子を不対電子と呼びます。

Heのように、電子殻が電子で一杯になった状態を閉殻構造といい、特別の安定性をもつことが知られています。それに対して水素のように、満杯でない状態を開殻構造といいます。

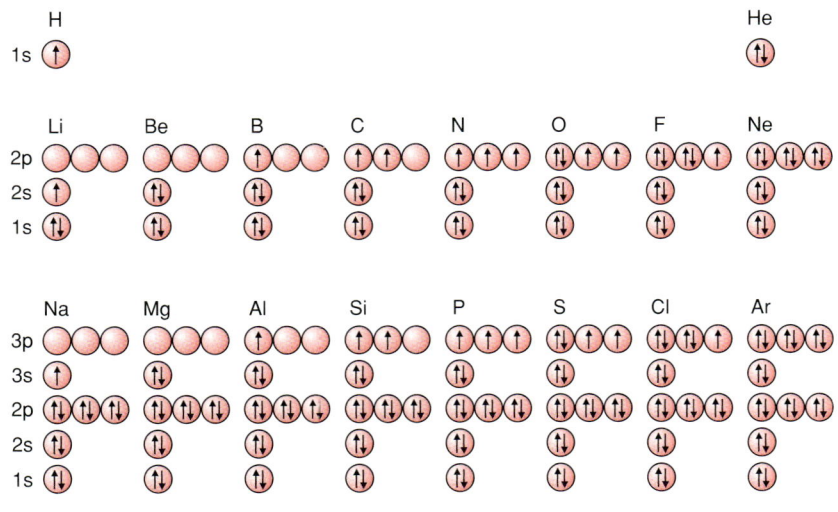

図1-13 主な原子の電子配置

3　第2周期の電子配置

第2周期の元素ではL殻、すなわち2s、2p軌道に電子が入っていきます（図1-13）。

Li：　3番目の電子は、約束③によって1s軌道に入ることはできないので、約束①によって、1sの次に低エネルギーな2s軌道に入ります。

Be：Beの4番目の電子は、約束①〜③に従って2s軌道に電子対を作って入ります。

B：　2s軌道が一杯になったので、ホウ素の5番目の電子は2p軌道に入ります。3個の2p軌道のうち、どの軌道に入るかは自由です。

C：　Cの6番目の電子の入り方には、図1-14のC-1〜C-3の3通りがあります。3通りとも2s軌道に2個、2p軌道に2個入っているので、軌道エネルギーとしてはすべて等しいことになります。このような場合には約束④が意味をもつことになります。すなわち、できるだけ多くの電子のスピン方向が同じものが安定になります。したがって2個の電子が同じ方向を向いたC-3が安定ということになります。この結果、Cの不対電子は2個となります。

このように低エネルギーで安定なものを基底状態、それに対してC-1、C-2のように高エネルギーで不安定なものを励起状態といいます。もし、Cがエネルギーを得て高エネルギー状態になったときには、これら励起状態の電子配置になる可能性もあります。

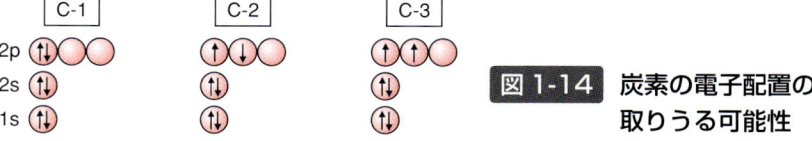

図1-14　炭素の電子配置の取りうる可能性

N：　7番目の電子は上でみたように、約束④に従って空いているp軌道に入り、スピン方向を他の2つの電子と同じにします。この結果、窒素の不対電子は3個となります。

O：　8番目の電子は3s軌道に入ることはなく、約束①に従って低エネルギーの2p軌道に入ります。そのため、酸素には電子対が1組でき、それに伴って不対電子はNより1個少ない2個となります。

F：　9番目の電子は約束に従って図1-13のように入ります。そのため、Fの不対電子は1個に減ることになります。

Ne：L殻に定員一杯の8個の電子が入った構造であり、閉殻構造です。そのため、Heと同様の安定性をもちます。

第3周期の原子の電子配置も、第2周期と同じに考えることができます。基本的にLi〜Neの例にならって電子が入っていきます（図1-13）。

■ 多重度：電子配置の安定性の指標

電子殻の半径やエネルギーに量子数があるように、電子スピンにも量子数sがあります。それは回転方向に応じて± 1/2というものです。

電子の個数とそのスピンの方向に応じて多重度Mというものが定義されます。Mは次の式によって定義されます。

$M = (2\Sigma s) + 1$

この式に従ってC-1の多重度を計算するとM＝1となります。この状態を一重項といいます。

同様にC-2もM＝1であり一重項です。しかしC-3ではM＝3となります。この状態を三重項といいます。電子配置の約束④は、多重度が大きいほうが安定である、ということを示すものです。

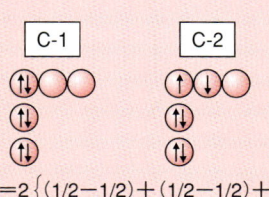

C-1: $M = 2\{(1/2-1/2)+(1/2-1/2)+(1/2-1/2)\}+1 = 1$

C-3: $M = 2\{(1/2-1/2)+(1/2-1/2)+(1/2+1/2)\}+1 = 3$

第Ⅰ部　1章　原子のなりたち──化学を理解する突破口を開く

5. 電子配置と周期表

> メンデレエフが周期表を発見したいきさつは、原子を大きさの順に並べたことでした。しかし、周期表はできあがってみると、原子の電子配置を忠実に反映していることがわかりました。すなわち、電子配置が原子の性質を決定していたのです。

1 最外殻

　電子の入っている電子殻のうち、最も外側にある電子殻を最外殻といいます。

　2個の原子A、Bが反応する様子をみてみましょう（図1-15）。原子の反応は自動車事故と同じです。反応するためには衝突しなければなりません。AとBが衝突したとき、実際に接触するのはどこでしょうか。最も外側の最外殻です。原子が反応するためには最外殻の接触が重要なのです。ということは最外殻の性質、状態、すなわち、最外殻の電子配置が反応の鍵を握ることになります。

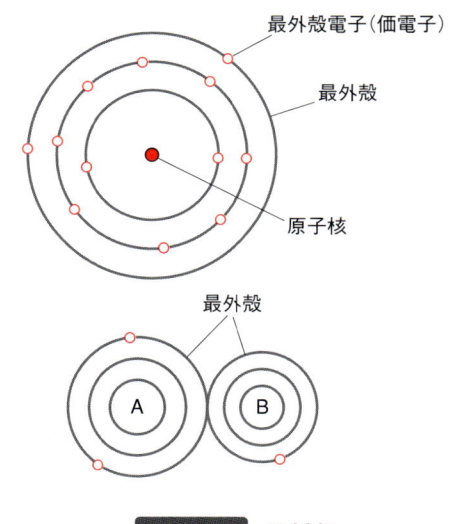

図1-15　最外殻

2 価電子と周期表

最外殻に入っている電子を価電子といいます。前項でみたように、最外殻の性質を支配するのは最外殻に入っている電子です。したがって、原子の性質を支配するのは価電子ということになります。

電子配置をみると、1族のLi、Naの価電子は1個であり、s軌道に入っています。また14族のC、Siの価電子は4個であり、s軌道に2個、p軌道に2個入っています（図1-13参照）。

このように、周期表（図1-16）において同じ族の元素は基本的に最外殻の電子配置が同じになっており、そのために化学的性質が似ているのです。

生体を構成する有機化合物を作る主な元素は、水素を除けば大部分が周期表の右上にあります。すなわち、炭素Cは14族、窒素N、リンPは15族、酸素Oは16族、塩素Clは17族であり、周期表の右部分に偏っています。また、C、N、Oは第2周期、P、Clが第3周期と上部にあります。

族\周期	1	2	3	4	5	6	7	8	9	10	11	12	13	14	15	16	17	18
1	$_1$H 水素 1.008																	$_2$He ヘリウム 4.003
2	$_3$Li リチウム 6.941	$_4$Be ベリリウム 9.012											$_5$B ホウ素 10.81	$_6$C 炭素 12.01	$_7$N 窒素 14.01	$_8$O 酸素 16.00	$_9$F フッ素 19.00	$_{10}$Ne ネオン 20.18
3	$_{11}$Na ナトリウム 22.99	$_{12}$Mg マグネシウム 24.31											$_{13}$Al アルミニウム 26.98	$_{14}$Si ケイ素 28.09	$_{15}$P リン 30.97	$_{16}$S 硫黄 32.07	$_{17}$Cl 塩素 35.45	$_{18}$Ar アルゴン 39.95
4	$_{19}$K カリウム 39.10	$_{20}$Ca カルシウム 40.08	$_{21}$Sc スカンジウム 44.96	$_{22}$Ti チタン 47.87	$_{23}$V バナジウム 50.94	$_{24}$Cr クロム 52.00	$_{25}$Mn マンガン 54.94	$_{26}$Fe 鉄 55.85	$_{27}$Co コバルト 58.93	$_{28}$Ni ニッケル 58.69	$_{29}$Cu 銅 63.55	$_{30}$Zn 亜鉛 65.41	$_{31}$Ga ガリウム 69.72	$_{32}$Ge ゲルマニウム 72.64	$_{33}$As ヒ素 74.92	$_{34}$Se セレン 78.96	$_{35}$Br 臭素 79.90	$_{36}$Kr クリプトン 83.80
5	$_{37}$Rb ルビジウム 85.47	$_{38}$Sr ストロンチウム 87.62	$_{39}$Y イットリウム 88.91	$_{40}$Zr ジルコニウム 91.22	$_{41}$Nb ニオブ 92.91	$_{42}$Mo モリブデン 95.94	$_{43}$Tc テクネチウム (99)	$_{44}$Ru ルテニウム 101.1	$_{45}$Rh ロジウム 102.9	$_{46}$Pd パラジウム 106.4	$_{47}$Ag 銀 107.9	$_{48}$Cd カドミウム 112.4	$_{49}$In インジウム 114.8	$_{50}$Sn スズ 118.7	$_{51}$Sb アンチモン 121.8	$_{52}$Te テルル 127.6	$_{53}$I ヨウ素 126.9	$_{54}$Xe キセノン 131.3
6	$_{55}$Cs セシウム 132.9	$_{56}$Ba バリウム 137.3	* ランタノイド 57～71	$_{72}$Hf ハフニウム 178.5	$_{73}$Ta タンタル 180.9	$_{74}$W タングステン 183.8	$_{75}$Re レニウム 186.2	$_{76}$Os オスミウム 190.2	$_{77}$Ir イリジウム 192.2	$_{78}$Pt 白金 195.1	$_{79}$Au 金 197.0	$_{80}$Hg 水銀 200.6	$_{81}$Tl タリウム 204.4	$_{82}$Pb 鉛 207.2	$_{83}$Bi ビスマス 209.0	$_{84}$Po ポロニウム (210)	$_{85}$At アスタチン (210)	$_{86}$Rn ラドン (222)
7	$_{87}$Fr フランシウム (223)	$_{88}$Ra ラジウム (226)	† アクチノイド 89～103	$_{104}$Rf ラザホージウム (261)	$_{105}$Db ドブニウム (262)	$_{106}$Sg シーボーギウム (263)	$_{107}$Bh ボーリウム (264)	$_{108}$Hs ハッシウム (269)	$_{109}$Mt マイトネリウム (268)									
電荷	+1	+2	複雑									+2	+3		-3	-2	-1	
名称	アルカリ金属	アルカリ土類金属											ホウ素族	炭素族	窒素族	酸素族	ハロゲン	希ガス元素
	典型元素		遷移元素										典型元素					

*ランタノイド	$_{57}$La ランタン 138.9	$_{58}$Ce セリウム 140.1	$_{59}$Pr プラセオジム 140.9	$_{60}$Nd ネオジム 144.2	$_{61}$Pm プロメチウム (145)	$_{62}$Sm サマリウム 150.4	$_{63}$Eu ユウロピウム 152.0	$_{64}$Gd ガドリニウム 157.3	$_{65}$Tb テルビウム 158.9	$_{66}$Dy ジスプロシウム 162.5	$_{67}$Ho ホルミウム 164.9	$_{68}$Er エルビウム 167.3	$_{69}$Tm ツリウム 168.9	$_{70}$Yb イッテルビウム 173.0	$_{71}$Lu ルテチウム 175.0
†アクチノイド	$_{89}$Ac アクチニウム (227)	$_{90}$Th トリウム 232.0	$_{91}$Pa プロトアクチニウム 231.0	$_{92}$U ウラン 238.0	$_{93}$Np ネプツニウム (237)	$_{94}$Pu プルトニウム (239)	$_{95}$Am アメリシウム (243)	$_{96}$Cm キュリウム (247)	$_{97}$Bk バークリウム (247)	$_{98}$Cf カリホルニウム (252)	$_{99}$Es アインスタイニウム (252)	$_{100}$Fm フェルミウム (257)	$_{101}$Md メンデレビウム (258)	$_{102}$No ノーベリウム (259)	$_{103}$Lr ローレンシウム (262)

a) この表の値はIUPAC原子量表（2001）による

図1-16 周期表

第Ⅰ部　1章　原子のなりたち──化学を理解する突破口を開く

6. イオン化
―― 電子の移動がエネルギーの放出や吸収を引き起こす

> 原子を構成する電子はいつまでも原子の中にいるわけではありませんし、まして同じ軌道にいるわけでもありません。電子は軌道間だけでなく、原子間を移動します。この電子の移動が反応を引き起こし、原子、分子の性質、反応性となって現れるのです。

1 イオン化

原子は電気的に中性ですが、それは原子核の電荷＋Zと同じ個数の電子が存在するからです。もし、中性の原子Aから1個の電子が外れたら、原子核の電荷が多くなり、Aはプラスに荷電したA$^+$となります（図1-17）。これを1価の陽イオン、カチオンといいます。炭素の陽イオンを特にカルボカチオンといいます。2個の電子が外れたら2価の陽イオンA^{2+}となります。一般に周期表の左側にある元素は金属元素であり、陽イオンになる性質があります。

反対に、中性の原子Aに電子が加わったら陰イオン、アニオンA$^-$となります。炭素の陰イオンはカルバニオン（カルボアニオン）と呼ばれます。周期表の右上にある元素は一般に陰イオンになりやすい性質をもちます。

図1-17　原子のイオン化

2 イオン化エネルギー

原子から電子を奪って陽イオンにするために要するエネルギーを、イオン化エネルギーといいます。

原子Aから電子を奪ってA$^+$にするということは、原子Aの電子を自由電子にするということを意味します。図1-18の左を見てください。電子はエネルギーの低い軌道に入っています。これをエネルギー0の自由電子にするためには、軌道のエネルギーに相当するΔE_Iを与える必要があります。このエネルギーをイオン化エネルギー（ionization energy：I）といいます。

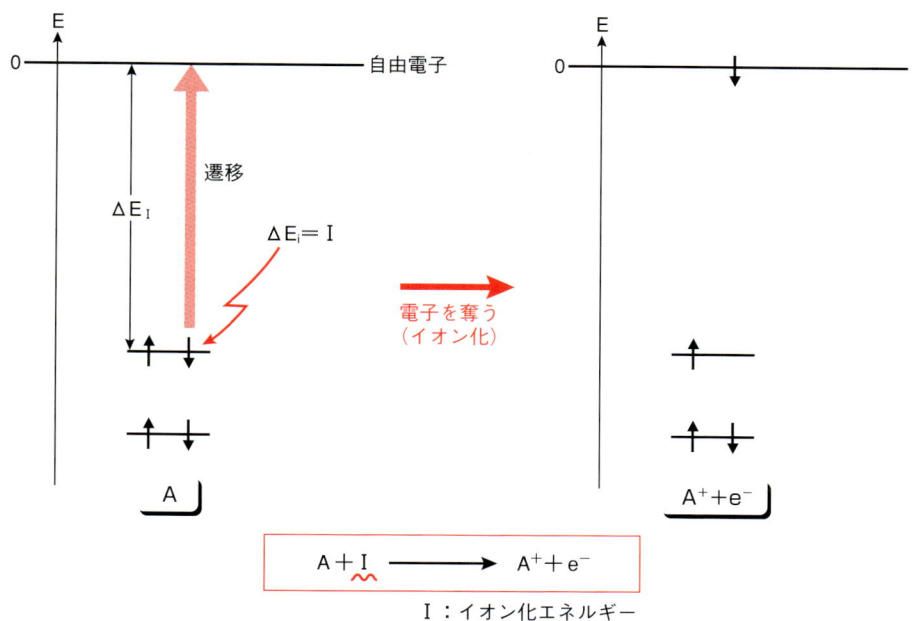

図 1-18 イオン化エネルギーと陽イオン化

　A^+ からさらに電子を奪って A^{2+} にするためのエネルギーは第 2 イオン化エネルギーと呼ばれます。

3 電子親和力

　原子に電子を与えるということは、自由電子を原子の軌道に入れることを意味します。この操作では電子はエネルギーの低い状態に移動することになりますから、余分のエネルギー ΔE_A を放出します。このエネルギーを電子親和力（electron affinity：A）といいます（図 1-19）。

　簡単に考えれば、電子親和力はイオン化エネルギーの符号が変わったものとみることもできるでしょう。

4 軌道間遷移

　電子は軌道の間を移動することもあります。このような移動を遷移といいます。電子がエネルギーの低い軌道から高い軌道に移動すれば、その分、原子のエネルギーは上昇します。このようにしてできたエネルギーの高い状態を励起状態といいます。それに対して元の低エネルギー状態を基底状態といいます（図 1-20）。

　電子の遷移に要するエネルギーを表したものをスペクトルといいます。スペクトルには、基底状態から励起状態に行くときのエネルギーを表した吸収スペクトルと、反対に励起状態が基底状態に戻るときのエネルギーを表した発光スペクトルがあります。

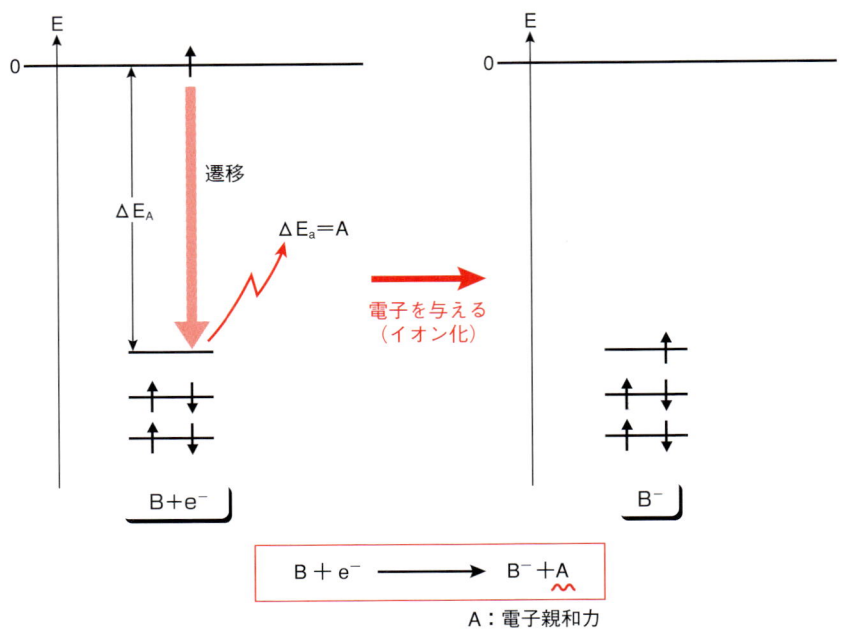

図1-19 電子親和力と陰イオン化

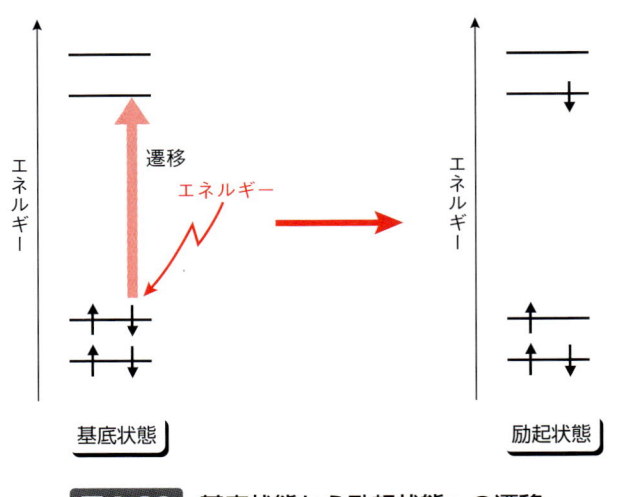

図1-20 基底状態から励起状態への遷移

　基底状態と励起状態の間のエネルギー差は原子、分子ごとに異なり、決まった値なので、これを測定することで原子、分子を特定することができます。例えば、DNAやタンパク質の濃度を測定するときに分光光度計を用いるのは、この原理を応用したものです。分子についての軌道間遷移は6章で詳しく述べることにします。

7. 電気陰性度
—分子の極性を決める指標

> 原子には電子を引きつける性質があります。水素原子でさえ、電子を受け入れて陰イオンH⁻になります。原子が電子を引きつける度合いを表す指標を電気陰性度といいます。電気陰性度の大きいものは電子を引きつける度合いが大きいことを意味します。

1 電気陰性度の定義

電気陰性度はイオン化エネルギーIと電子親和力Aをもとにして決められます。I（の絶対値）が大きいということは、陽イオンになるために大きなエネルギーを要するということであり、陽イオンになりにくいことを意味します。一方、A（の絶対値）が大きいということは、陰イオンになることによる安定化が大きい、すなわち、陰イオンになりやすいことを意味します。

したがって、IにしろAにしろ、その絶対値が大きいということは、陽イオンになりにくく、陰イオンになりやすいことを意味すると考えることができます。それならば、両者の平均値を取ったらどうか、というのが電気陰性度の考え方です（図1-21）。

しかし、電気陰性度は測定値ではありません。IとAの絶対値の平均値に、化学者の経験と感覚を加味して決めた人為的な値です。しかし本節 3 でみるように、その有用性はかなりのものです。

電気陰性度 $X \approx \dfrac{|I|+|A|}{2}$

図1-21 電気陰性度の考え方

2 電気陰性度の順序

図1-22は電気陰性度を周期表に従って示したものです。周期表で右の原子ほど、また上の原子ほど大きくなります。要するに矢印で示したように右上に行くほど陰イオンになりやすいことがわかります。バイオでよく出てくる元素でいえば

$H = P < C = S < N = Cl < O < F$

の順序であり、第2周期の元素に限れば

$C < N < O < F$

になります。これは覚えるというより、感覚として記憶すべき、大切な事柄です。

H 2.1							He
Li 1.0	Be 1.5	B 2.0	C 2.5	N 3.0	O 3.5	F 4.0	Ne
Na 0.9	Mg 1.2	Al 1.5	Si 1.8	P 2.1	S 2.5	Cl 3.0	Ar
K 0.8	Ca 1.0	Ga 1.6	Ge 1.8	As 2.0	Se 2.4	Br 2.8	Kr

図1-22 電気陰性度の値

3 電気陰性度の意味

　電気陰性度は分子の性質に大きな影響をもちます。なぜならば、多くの分子はイオン性を帯び、プラスの部分とマイナスの部分をもちますが、それを決定するのが多くの場合は電気陰性度だからです。

　水素原子間の結合のような典型的な共有結合は、プラスもマイナスもありません。しかし、電気陰性度の小さい原子、例えば水素 H（電気陰性度 = 2.1）と、塩素 Cl（電気陰性度 = 3.0）のように電気陰性度の大きい原子が結合すると、塩素が電子を奪う結果、塩素はいくらかマイナスに、水素はいくらかプラスに荷電するのです。生体で大きな働きをする水素結合も、このような荷電の結果現れる結合です（8 章参照）。

　なお共有結合がこのように電荷を帯びることを結合分極といいます。また、このように＋1や－1に満たない小さい電荷を部分電荷といい、δ（デルタ）＋、δ－で表します（図 1-23）。

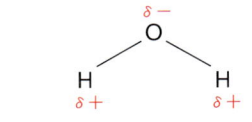

図 1-23 水分子の部分電荷

注：部分電荷
　部分電荷 δ＋、δ－には定量性はありません。ですから、水の酸素は δ－であり、2 個の水素はともに δ＋でも問題にならないのです。（δ－）＋（2δ＋）＝δ＋だから、水は全体で δ＋ではないのか、という問題は起こらないのです。

第Ⅰ部　化学結合の鍵は原子にある

2章

放射線と同位体
──その実体と生体への影響

　前章で述べたように、原子は原子核と電子雲からできています。原子の化学的性質のほとんどすべては電子雲の働きによるものです。しかし、ほんの少しですが原子核の性質によるものもあります。それが一般に"放射能"といわれる部分です。

　原子が反応をするように原子核も反応します。原子核の反応を原子核反応、あるいは核反応といいます。核反応によって原子核は他の原子核に変化します。このとき、いわば副産物として放射線を放射します。放射線はバイオ実験でも利用されるように便利なものですが、同時に非常に危険なものです。

　化学反応では質量保存の法則が適用され、反応の前後で質量が保存されます。しかし、原子核反応では質量は保存されません。しかし、反応の前後を通じてエネルギーは保存されるという熱力学第一法則は適用されます。すなわち、原子核反応では反応の前後で質量が変化しますが、その変化した質量はエネルギーに変化するのです。質量 m とエネルギー E は、光速 c を仲立ちにしてアインシュタインの式 $E = mc^2$ で関係づけられます。このエネルギーは莫大なものであり、それが放射線の危険性の原因にもなっているのです。

　本章では、原子核反応に由来する放射線を中心に、バイオ実験で用いられる放射性同位体まで、ポイントを絞ってみていきましょう。

第Ⅰ部　2章　放射線と同位体──その実体と生体への影響

1. 同位体（アイソトープ）とは

前章で原子核は陽子 p と中性子 n からできていることをみました。しかし、原子のなかには、陽子の個数は同じでも中性子の個数が異なるものがあります。このような原子は原子番号が同じであり、電子数が等しいため、化学的な性質は全く同じであり、元素名としても同じです。しかし、質量数が異なるため、原子の重さが異なることになります。このような原子を互いに同位体（アイソトープ）といいます。

後に同素体という名前が出てきますが、ゴッチャにならないように気をつけてください。

1 水素の同位体

水素の原子核は陽子だけからできているので原子番号 $Z = 1$ であり、質量数 $A = 1$ でした。ところが、水素の原子核にはほかのものもあります。すなわち、1個の陽子のほかに、中性子をもっているものがあるのです。このような水素原子では原子番号は1ですが、質量数は変化することになります。このような水素原子を互いに水素の同位体といいます。

水素の同位体には図2-1に示したように3種類のものがあります。中性子をもたな

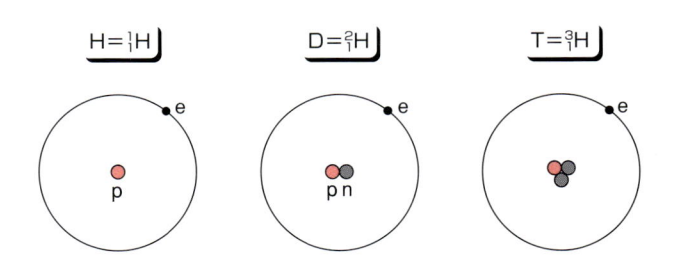

元素名	水素			炭素		酸素		塩素		ウラン	
記号	^1H (H)	^2H (D)	^3H (T)	^{12}C	^{13}C	^{16}O	^{18}O	^{35}Cl	^{37}Cl	^{235}U	^{238}U
陽子数	1	1	1	6	6	8	8	17	17	92	92
中性子数	0	1	2	6	7	8	10	18	20	143	146
存在比(%)	99.98	0.015		98.89	1.11	99.76	0.20	75.53	24.47	0.72	99.28

$$（塩素の原子量）= \frac{35 \times 75.53 + 37 \times 24.47}{100} ≒ 35.5$$

図2-1　主な同位体とその存在比

い普通の水素 ^{1}H は特に軽水素といって区別されることもあります。中性子を 1 個もったもの ^{2}H は重水素と呼ばれ、記号 D で表されます。中性子を 2 個もったもの ^{3}H は三重水素と呼ばれ、T で表されます。^{1}H と ^{2}H は安定で変化しませんが、^{3}H は不安定で放射線を放出してヘリウム ^{3}He に変化します。それについては次節で詳しくみることにしましょう。

同位体には多く存在するものと、少ししか存在しないものがあります。天然に存在する元素では多くの場合、特定の同位体が圧倒的に多く、水素でも 99.98％は ^{1}H です。しかし、塩素 Cl の場合には ^{35}Cl と ^{37}Cl がほぼ 3：1 の割合で存在します。

2 原子量

原子の重さを表す指標を原子量といいます。原子量の定義はややこしく、知っていてもバイオのためには何の役にも立ちませんので割愛します。要するに同位体の質量数の加重平均のようなものだと思ってください。ですから水素の原子量はほぼ 1 ですし、塩素の場合には図 2-1 に示した計算によって、ほぼ 35.5 になります。

3 アボガドロ数とモル

原子の重さに絡んでいえば、非常に大切な概念にモルとアボガドロ数があります。

簡単にいえば"モル"は"ダース"と同じです。鉛筆やビールは 12 本で 1 ダースになります。全く同様に、原子や分子ではアボガドロ数個で 1 モルになります。しかし、1 ダースの 12（本）と違い、アボガドロ数は 6.02×10^{23}（個）という、いかにも中途半端な値です（図 2-2）。

なぜ、こんな数値になったのかといえば、きわめて合理的な理由があります。それは、原子をこの個数だけ集めると、その全体の重さ（質量）が原子量（に g をつけたもの）に等しくなるからなのです（図 2-3）。したがって、どんな原子であれ、その 1 モルの重さは必ず原子量（g）に等しいことになります。これは非常に便利で、後の定量化学を発展させた原動力といってもよいようなものです。

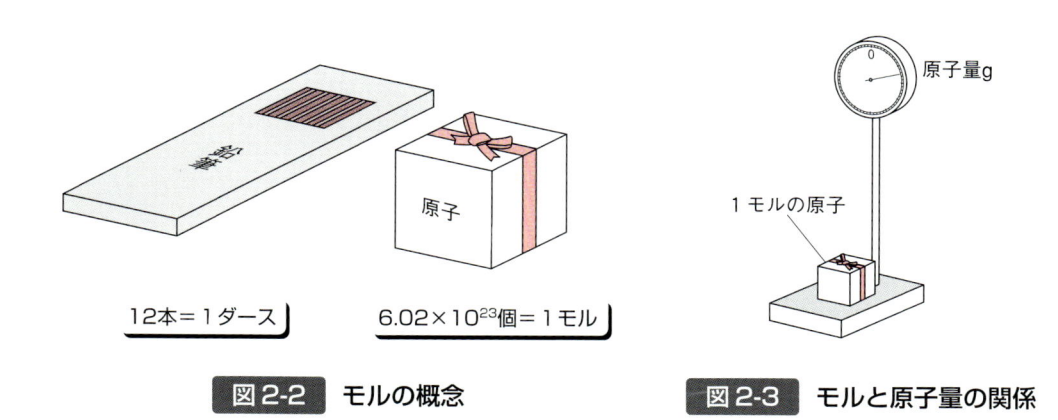

図 2-2　モルの概念

図 2-3　モルと原子量の関係

第 I 部　2 章　放射線と同位体——その実体と生体への影響

2. 原子はどう生まれたのか
——核融合と核分裂

> 原子は反応して分子になり、分子は反応して他の分子に変化します。原子核も同様に反応して変化します。原子核の反応を、特に原子核反応ということがあります。

1 原子の誕生

　原子は 130 億年前のビッグバンによってできました。しかし、このときできた原子は水素原子 H だけです（図 2-4）。水素原子は宇宙の端まで飛び散り、今も飛び散り続けています。そして時間が経つと、水素原子の濃いところと薄いところができました。濃いところでは水素原子が重力によって引き合い、やがてすごい重量と密度になり、中心は高温になりました。

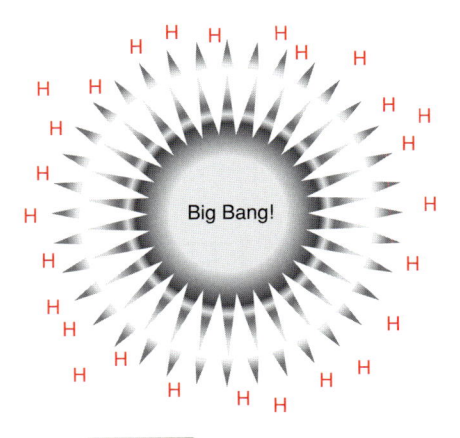

図 2-4　水素原子の誕生

2 原子の成長

　このような状態に置かれた水素原子は互いに融合して大きな原子になりました。これが核融合反応であり、できた原子がヘリウム He です。核融合は莫大なエネルギーを発生するため、水素の塊は高温になって煌々と輝きました。これが太陽のような恒星です（図 2-5 左）。

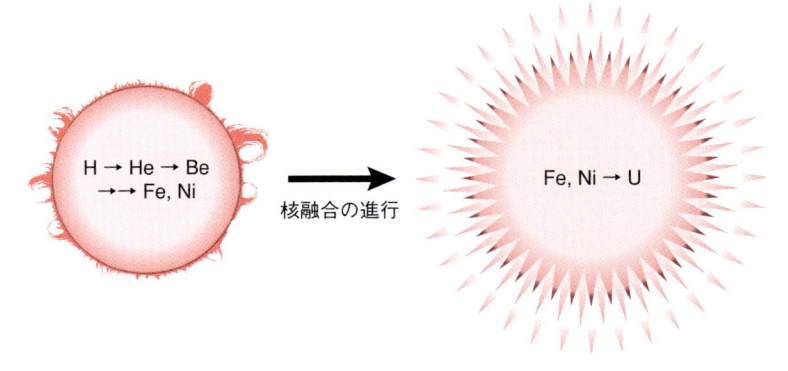

H → He → Be → Fe, Ni　　核融合の進行　　Fe, Ni → U

恒星の爆発

図 2-5　核融合反応による原子の変化

しかし、やがてすべての水素がヘリウムに変化します。すると今度はヘリウムが融合してベリリウム Be になりました。このようにして恒星では次々に大きな原子が生産されたのです。恒星はいわば原子の製造工場のようなものです。

一般に反応は高エネルギー状態から低エネルギー状態に変化します。H が融合して He になったのは、H より He のほうが低エネルギーであり、そのエネルギー差が核融合エネルギーとなって放出されたのです。

3 大きな原子の誕生

原子核の安定性は図 2-6 のグラフのようになっています。すなわち、質量数 60 程度の原子核、すなわち鉄 Fe やニッケル Ni が最も安定なのです。ということは、核融合が進んで Fe や Ni になると、反応はそれ以上進行しないことになります。恒星の火が消えるのです。

このようになった恒星は重力によって収縮し、高温高圧になって爆発します(図 2-5 右)。このときの爆発によって、質量数 60 以上の原子ができたのです。そしてこのようにしてできた種々の原子が集まったものが地球のような惑星になります。そして惑星上の原子がさまざまな反応を起こして水 H_2O や二酸化炭素 CO_2 やアンモニア NH_3 になり、それがまた反応してアミノ酸や糖になり、それが複雑に離合集散して生体になった、というのが生体や生命の発生として語られるスケッチであることはご存知のとおりです。

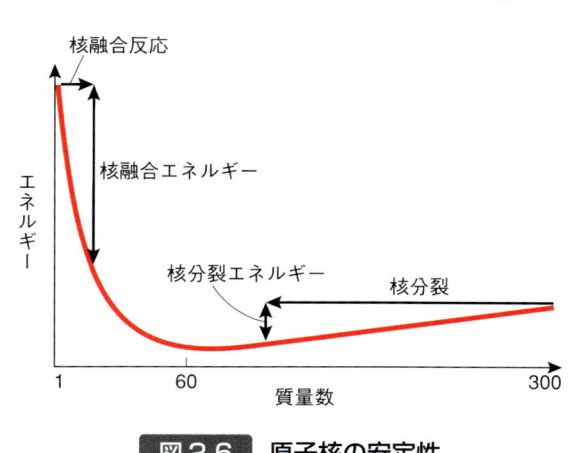

図 2-6　原子核の安定性

4 核分裂と核融合

このように、原子核は質量数 60 くらいのものが最も安定であり、それより小さくても大きくても不安定ということになります。ということは大きな原子核を壊して小さくすればエネルギーが発生することになり、これが核分裂に伴う核分裂エネルギーになります。このエネルギーを爆弾に使えば原子爆弾になり、平和的に利用すれば原子炉ということになります。

一方、小さな原子核を融合しても大きなエネルギーが発生することになり、これが核融合エネルギーであり、恒星や水素爆弾のエネルギーになります。現代科学は永いことこの核融合エネルギーの平和利用を研究してきましたが、未だ実用化には至っていません。

第Ⅰ部　2章　放射線と同位体—その実体と生体への影響

3. 放射能の実体

> 原子核には安定なものと不安定なものがあります。安定なものは何億年でもじっとそのままの状態で存在しますが、不安定なものは1秒とかからずに変化して他の原子核に変化します。

1 放射線、放射性元素、放射能の違い

原子核反応に絡んでなんとなくわかっているようで、しかしハッキリしない概念があります。放射線、放射性元素、放射能です。まずこれらの関係をはっきりさせておきましょう。

原子核反応を起こす元素が放射性元素です。その反応に伴って放出されるものが放射線です。そして放射線を出す能力が放射能です。

サッカーにたとえましょう。放射性元素はシュートを打つストライカーです。ストライカーの蹴るボールが放射線です。放射能はストライカーになることのできる能力です（図2-7）。当たると痛いのはボール（放射線）であり、ストライカー（放射性元素）やましてその能力（放射能）が他の選手に害を与えるわけではありません。

図2-7　放射線、放射性元素、放射能の違い

2 放射性元素と放射性同位体

放射性元素の定義は上でお話したとおりですが、放射性元素という言い方は少々漠然としています。

放射性元素とは放射能をもった元素ですが、元素には同位体があります。放射性元素の多くは、ある特定の同位体だけが放射性であり、その他の同位体は放射性ではありません。水素でいえば、^3H は放射性ですが、^1H、^2H は放射性ではありません。

したがって、放射性同位体と言ってしまって放射性の同位体だけを指定したほうがはっきりすると思います。なお、放射性元素とは、本来すべての同位体が放射性のものに用いられますが、放射性同位体と同じような意味合いで使われることもあり、定義が不明確になっています。また、放射性同位体は英語でradio isotopeといいます。そのため同位体を用いた実験はしばしばRI実験と呼ばれます。

図2-8に放射性元素（すべての同位体が放射性の元素）を周期表に従って示しました。原子番号の大きな元素に放射性のものが多いことがわかります。特に原子番号92番以上の超ウラン元素は原子炉で人工的に作られるものであり、不安定で、すべての同位体が放射性です。

	1	2	3	4	5	6	7	8	9	10	11	12	13	14	15	16	17	18
1	H																	He
2	Li	Be											B	C	N	O	F	Ne
3	Na	Mg											Al	Si	P	S	Cl	Ar
4	K	Ca	Sc	Ti	V	Cr	Mn	Fe	Co	Ni	Cu	Zn	Ga	Ge	As	Se	Br	Kr
5	Rb	Sr	Y	Zr	Nb	Mo	Tc	Ru	Rh	Pd	Ag	Cd	In	Sn	Sb	Te	I	Xe
6	Cs	Ba	ランタノイド	Hf	Ta	W	Re	Os	Ir	Pt	Au	Hg	Tl	Pb	Bi	Po	At	Rn
7	Fr	Ra	アクチノイド															

ランタノイド	La	Ce	Pr	Nd	Pm	Sm	Eu	Gd	Tb	Dy	Ho	Er	Tm	Yb	Lu
アクチノイド	Ac	Th	Pa	U(92)	Np	Pu	Am	Cm	Bk	Cf	Es	Fm	Md	No	Lr

■ すべての同位体が放射性

図2-8 放射性元素の例

3 放射線の種類

放射線にはいろいろの種類がありますが、よく知られたものはα（アルファ）線、β（ベータ）線、γ（ガンマ）線でしょう。放射線の種類とその実体を図2-9にまとめました。

● α線

^{4}Heの原子核が高速で移動しているものです。大きくて電荷をもっているため、衣類などで遮られることが多いですが、α線を出す放射性同位体が体内に入って体内被曝になった場合にはきわめて危険です。

● β線

電子の高速な流れです。皮膚を数mmの深さまで透過します。

● γ線

　光やX線と同様の電磁波ですが波長が短く、エネルギーの大きいものです。X線は有害ですので、それを用いるレントゲン撮影には注意が必要ですが、γ線はそれ以上に有害です。

● 中性子線

　中性子が高速で移動するものです。中性子は電荷をもたないので、遮蔽が困難であり、体内に深く進入して害を与えます。きわめて危険です。

● 陽子線

　高速の陽子です。運動エネルギーによって有害性も異なりますが、がん治療に用いられることもあります。

名称	本体	線質係数
α線	$^4_2$He 原子核	20
β線	電子 $^0_{-1}$e	1
γ線	電磁波（エネルギー）	1
中性子線	中性子 $^1_0$n	10
陽子線	陽子 $^1_1$p	10

図2-9　さまざまな放射線
線質係数については次節参照

4　バイオ研究における放射性同位体の利用

　放射性同位体は放射線を放出します。したがって非常に危険な物質です。しかし、放射線は一種のシグナルでもあります。ある部位から放射線が放出されているかどうかを見れば、その放射性同位体がその部位にあるかどうかを判定することができます。

　これはバイオ研究においては非常に有用な知見となります。例えば抗がん剤を服用したとしましょう。この抗がん剤は体のどこに行くのでしょう？　がん部位に行けば、がん細胞を攻撃し、がん治療につながるでしょう。しかし、もし、がん細胞に行かないとしたら、どうなるのでしょう？　抗がん剤によってはいたずらに健康な細胞を攻撃し、弱っている患者をますます弱らせるだけとなります。

　抗がん剤の一部に放射性同位体を入れておけば、放射線量を測るという簡単な操作によって抗がん剤の存在部位をリアルタイムに知ることができます。

　バイオ分野には、このような目的に使われるいくつかの放射性同位体が知られています。詳しくは本章6節で改めてご紹介します。

4. 放射線の危険性
―量と時間と種類が問題

> 放射線は危険なものです。できたらお近づきになりたくないものです。しかし、前節でみたように、バイオ研究には非常に有効であり、避けて通るわけにもいきません。ここで、放射線と人体のかかわりについてみてみることにしましょう。

1 放射線の強度

　温泉には放射性温泉があり、放射線は健康に有効なものとして宣伝されています。一方、原子力利用分野では放射線は危険なものとして排除されます。

　紫外線も似ています。紫外線に全く当たらなければ健康を害し、最悪の場合にはクル病になります。しかし当たりすぎるとシミ、シワの原因になり、最悪の場合には皮膚がんの原因になります。

　放射線が有害かどうかは、放射線の量によります。どの程度の放射線は危険でなく、どの程度を超えたら危険となるのでしょう？　この判断がまた難しいのですが、ここではできるだけ単純化して説明してみましょう。

A）放射線量：ベクレル

　放射線の種類を問わず、1秒間に放射される放射線の個数を表します。1秒間に1個の放射線が放射されるときを1ベクレルといいます（図2-10）。これは生体とは無関係の量です。

B）吸収線量：グレイ

　放射線の種類を問わず、生体に吸収された放射線のエネルギーを表す量です。すなわち、1 J/kgのエネルギーが吸収されたとき、その単位を1グレイといいます。

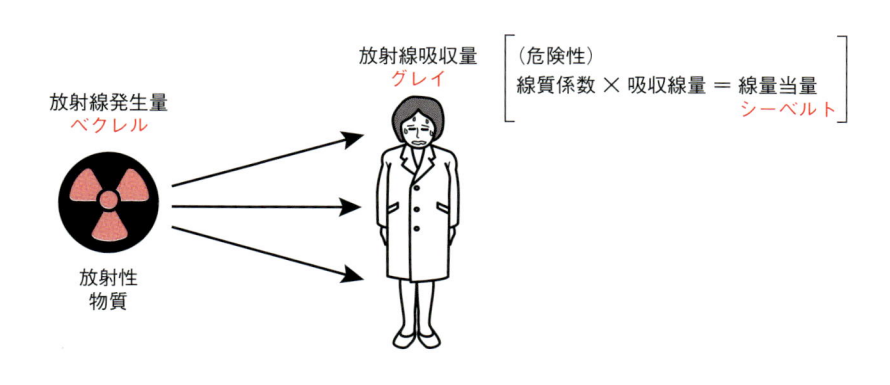

図2-10 放射線の単位

C) 線量当量：シーベルト

　生体に及ぼす放射線の害を最も端的に表す量です。すなわち、同じエネルギーの放射線でも、生体に及ぼす害は放射線の種類によって異なります。

　例えば、同じエネルギーならば α 線は β 線の20倍も有害であることが経験的に知られています。したがって、この倍率20を線質係数として吸収線量（グレイ）にかけたものを線量当量（シーベルト）とするのです。単位はシーベルトです。線質係数の大きい放射線ほど、生体に有害な放射線ということができます。各放射線の線質係数は前節の図2-9に示しておきました。

2　放射線の有害性

　放射線は有害ですが、しかし放射線は自然界につきものであり、普通に生活していても被曝するものです。したがって放射線といってもむやみに怖がる必要はありません。問題は量（強度）と被曝時間です。

　放射線の量がある程度以下なら、生体に害はありません。しかし、ある量以上になると害が現れます。

　放射線の人体に対する害を直接的に表す指標は線量当量です。線量当量と危険度の関係を図2-11にまとめました。

放射線量（mSv）	症状
200以下	医学的検査では症状が認められない
500	末梢血中のリンパ球の減少
1,000	10%の人が悪心、嘔吐
3,000〜5,000	50%の人が死亡
7,000以上	100%の人が死亡

図2-11　**線量当量と危険度**
mSv＝ミリシーベルト。緊急被ばく医療研修のホームページ
（http://www.remnet.jp/lecture/qa/misc09.html）を参考に作成

3 放射線の遮蔽

　　放射線による被曝には2通りがあります。体内被曝と体外被曝です。体内被曝とは、飲食、呼吸、事故などで放射性物質が体内に取り込まれた場合の被曝です。この場合は、放射線はすべて直接的に肉体、内臓、生殖器に被害を与えます。したがって、生体は致命的な打撃を受けることになります。放射性同位体を決して体内に入れないよう、万全の注意をしなければならないことは言うまでもありません。

A) 遮蔽

　　一方で体外被曝は注意さえすれば、その害を実質的に0にすることが可能です。$α$線は紙1枚、$β$線は数cm厚さのアルミニウム板、$γ$線は数cm厚さの鉛板、あるいは厚いコンクリートで遮蔽することができるといわれています。中性子線は厚いコンクリートをも通過するので遮蔽は困難です。

B) 取り扱いの注意事項

　　バイオ実験では放射性同位体を含んだ試薬を用いることがあります。以下の注意をよく理解して、危険を0に近づけることが大切です。

① 近づかない。

② 近づいている時間をできるだけ短くする。

③ 近づくときには防護板、防護壁、防護服などで遮蔽し、バッチなどを使って被曝線量を監視し、閾値以上の放射線を浴びることのないよう、万全の注意をする。

5. 原子核反応と半減期

> 放射線の実質が明らかになったところで、原子核の反応を眺めておきましょう。原子核反応で注意すべき点は、反応の前後を通じて質量数（1章1節 3 参照）の和は変化しないということです。これは質量保存則を反映したものと考えてよいでしょう。ただし、原子核反応の前後では質量の変化が起きており、その欠損分がエネルギーになっていることは本章導入文でみたとおりです。

1 崩壊

原子核が放射線を放出する反応を崩壊といいます（図2-12）。

A) 中性子線崩壊

中性子の質量数は1ですから、中性子を放出した原子核は質量数が1減ります。しかし、原子番号は変化しないので、元素の種類は変わりません。

B) α崩壊

α線は質量数4、原子番号2なので、生成核は質量数、原子番号がそれぞれ4、2だけ減り、異なる元素になります。

C) γ崩壊

γ線は電磁波ですので、これを放出した原子核は質量数、原子番号とも反応前と同じです。ただし、原子内のエネルギーバランスが崩れ、不安定になりますので、さらに放射線を放出するという二次的な反応を起こすことがあります。

D) β崩壊

ちょっとわかりにくいのがβ線を放出する反応でしょう。この反応は中性子が分解して陽子と電子になったものです。したがって原子番号が1増えますが、質量数はそのままです。

考え方としては、β線は電荷が−1で、陽子と反対ですので、原子番号を−1と考えてもよいでしょう。したがって、β線を放出した原子核は質量数は変化しませんが、原子番号が1増えることになります。

E) 軌道電子捕獲

原子核がその周囲にある軌道に存在する電子を捕獲する反応です。崩壊ではありませんが、原子核が自発的に起こす反応ですので、ここで一緒にみておきましょう。この結果、原子核中の陽子は電子と反応して中性子になります。したがって質量数は変化しませんが、原子番号は1少なくなります。

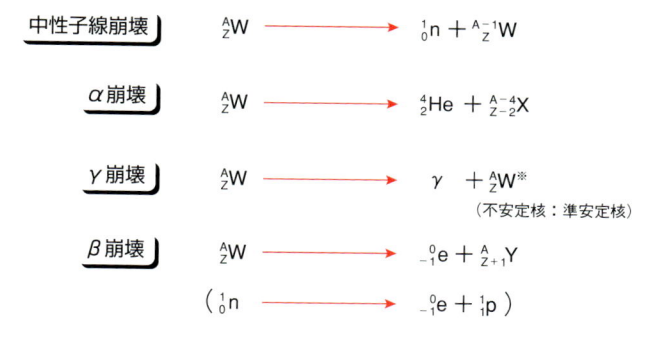

中性子線崩壊　$^{A}_{Z}W \longrightarrow \;^{1}_{0}n + \;^{A-1}_{Z}W$

α崩壊　$^{A}_{Z}W \longrightarrow \;^{4}_{2}He + \;^{A-4}_{Z-2}X$

γ崩壊　$^{A}_{Z}W \longrightarrow \gamma + \;^{A}_{Z}W^{*}$
（不安定核：準安定核）

β崩壊　$^{A}_{Z}W \longrightarrow \;^{0}_{-1}e + \;^{A}_{Z+1}Y$

　　　　$(^{1}_{0}n \longrightarrow \;^{0}_{-1}e + \;^{1}_{1}p)$

図2-12 原子核反応による崩壊

2　核分裂連鎖反応

　ウランUなどの原子核分裂は枝分かれ連鎖反応（ねずみ算）で進行し、瞬時のうちに多くの原子核が分解し、膨大なエネルギーを放出して爆発に至ります。これが原爆の原理です。

　Uは中性子と衝突することによって分解します。その際、エネルギー、核分裂生成物とともに、複数個の中性子が放出されます。そしてこの中性子がそれぞれ他の原子核に衝突するので、反応がねずみ算的に拡大するのです（図2-13A）。

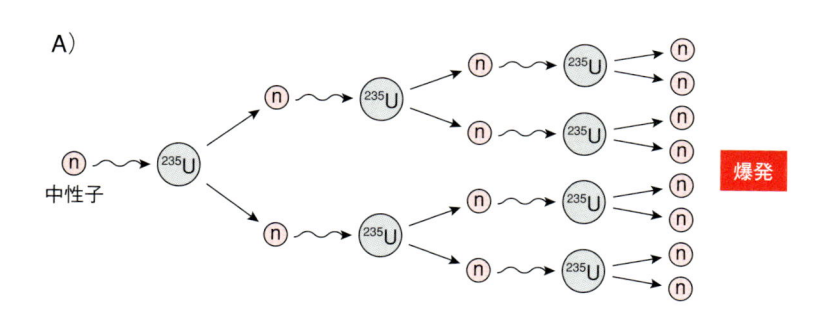

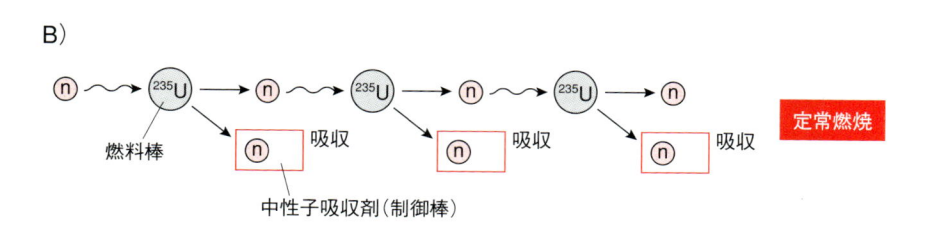

図2-13　ウランの原子核分裂
『反応速度論』（三共出版）、1998、p.86、図6より引用

A) 臨界量

　Uはすべてが爆発するわけではありません。もしそうなら、Uの埋蔵地域ではすべてが爆発し、Uはとうに地球上から消滅しているはずです。そうならないのには理由があります。

　Uは常にある確率で分解し、中性子を放出しています。しかし、1章でみたように、原子の体積に占める原子核の体積は無視できるほど小さなものです。したがって、中性子が原子核に衝突して次の爆発を起こす確率は非常に小さいものとなります。すなわちU金属の塊が小さければ、中性子は原子核に衝突するまでもなく、その塊から飛び出してしまいます。そのため、天然埋蔵のUは爆発しないのです。

　しかし、純粋なUをある程度の大きさの塊にしたら、中性子はその塊を抜け出す前に他の原子核に衝突し、連鎖反応に火がつくことになります。この、連鎖反応が起こるための最少量を臨界量といいます（図2-14）。放射性元素を臨界量にすることはあってはならないことです。1999年に起きた東海村の臨界事故は不注意から臨界量を超えたために起きた事故でした。

B) 反応制御

　核分裂の連鎖反応をゆっくり行わせて、エネルギーを小出しにした装置が原子炉です。連鎖反応がねずみ算的に拡大するのは、1回の反応で生じる中性子の個数が1より大きいからです。もし1なら、反応は同じ大きさで進行するし、1以下なら縮小してやがて火は消えてしまいます。

　反応で生じる中性子の個数を人間の都合で変化させることはできませんが、生じた中性子に次の反応を起こさせないようにすることはできます。すなわち、余分な中性子を何かに吸収させて系から除いてやるのです。原子炉ではこれを制御材（棒）といいます（図2-13B）。制御材はカドミウムCdやハフニウムHfからできており、原子炉が原子爆弾にならないようにするための最重要パーツとなっています。

図2-14 臨界量と連鎖反応

3 半減期

　反応 A→B が進行すると A はだんだん減ってゆきます。図 2-15 左はその様子を表したものです。出発物 A の量が最初の量の半分になるのに要する時間を半減期といいます。半減期の短い反応は速度の速い反応であり、半減期の長い反応は遅い反応ということになります。原子核反応の半減期の長さは 1 秒に満たない短いものから何億年という長いものまでいろいろあります。

　ここでは詳しいことは言いませんが、原子核の崩壊反応は一次反応という種類の反応であり、一次反応では半減期の長さは反応のどの時点でも常に一定です。それに対して 2A→B のような反応（図 2-15 右）は二次反応といわれ、この半減期は反応の進行とともに長くなります。

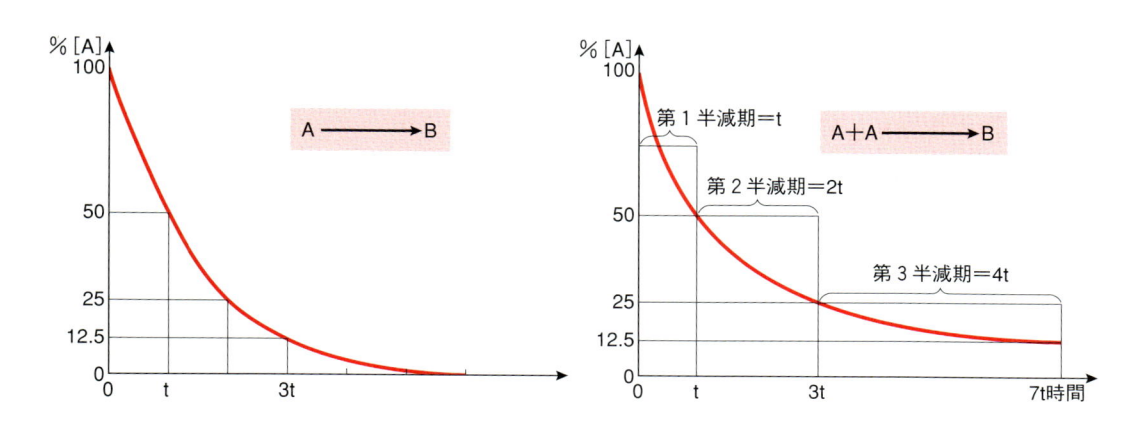

図 2-15 原子核反応の半減期

■ 魔法数 *Column*

　原子核には魔法数といわれるものがあります。それは、その個数の核子（陽子や中性子）をもっている原子核は安定だ、という数字で次のようなものです。

　2（ヘリウム）、8（酸素）、20（カルシウム）、28（ニッケル）、50（スズ）、82（鉛、陽子数）、126（鉛、中性子数）などです。

　したがって、これに従っていない原子核は、適当な崩壊を起こしてこの数値になろうとする傾向があります。例えば $^{216}_{84}Po$ は α 崩壊して $^{212}_{82}Pb$ になります。

第Ⅰ部　2章　放射線と同位体──その実体と生体への影響

6. バイオで使う同位体

　　放射性同位体はバイオ関係の実験研究にも活発に使われています。最近は蛍光物質などが代わりに使用されていたりしますが、放射性同位体を用いる実験は感度が優れている点、物質の構造を変えない点、操作が比較的容易な点など、優れた点があります。

　　しかし、バイオで放射性同位体を使用する場合、標識される物質は生体分子であることが多くなります。その結果、放射性同位体が体内に取り込まれ、長期間体内被曝する危険性が生じる可能性があるので、充分な注意が必要となります。

1　同位体を用いたバイオ実験

　化合物を構成する原子の一部を放射性同位体で置換した化合物を標識化合物といいます。

A）薬剤の存在位置の確認

　標識をつけた薬剤を検体に投与し、その放射する放射線の位置を測定すれば、その薬剤が生体のどの部分に移動するかを簡単に正確に、かつオンタイムで把握することができます。

B）代謝生成物の確認

　また、標識をつけた糖を投与し、その代謝の結果生成した化合物に標識元素が存在するか否かを測定すれば、糖の代謝経路を正確に把握することができます。このような実験を一般にトレーサー実験といいます。

C）核酸断片の検出

　DNAやRNAは相補的であればハイブリッドして二本鎖を形成します。この性質を利用して核酸同士の二本鎖を形成する実験をハイブリダイゼーション法といいます。

　ここで、標識をつけた核酸を用いれば、塩基同士の相補的な結合を利用して、特定のDNAやRNAを検出することができます。検出対象がDNAであればサザンブロット、RNAであればノーザンブロットと呼ばれますが、比較的操作が簡単で感度がよく、蛍光色素などのように立体的障害もないので、バイオでよく行われる実験です。

2 バイオ実験で用いる同位体

バイオ関係でトレーサー実験に用いる放射性同位体としては ^3H、^{14}C、^{32}P、^{35}S などがあります。これらの核種の崩壊様式はすべて β 崩壊です。したがって生成核種は原子番号が1つ増えることになります。

それぞれの半減期、生成核種を図 2-16 に示しました。^{32}P（14日）の半減期は非常に短いですから、入手したら直ちに使わないと消失してしまいます。

原子	崩壊	半減期	生成核
^3H	β	12.3年	^3He
^{14}C	β	5,730年	^{14}N
^{32}P	β	14日	^{32}S
^{33}P	β	25.3日	^{33}S
^{35}S	β	87.5日	^{35}Cl
^{125}I	γ、軌道電子捕獲	59.4日	^{125}Te

図2-16　バイオ実験で使われる同位体

第Ⅱ部　化学結合でみえてくる分子の性質

3章

共有結合
——生体分子を支える大黒柱

　生体を構成するのは分子です。水、脂質、タンパク質、さらにはDNAまで、すべては分子からできています。分子を構成するのはもちろん原子であり、分子は原子が結合してできた構造体です。

　原子同士を結合するのは化学結合、あるいは単に結合といわれるものです。結合は万有引力などと同様の一種の引力ですが、強い力でありながら、短い距離でしか働かないという特色があります。

　結合には多くの種類がありますが、生体を構成する主な分子、すなわち、有機分子を構成するのは共有結合といわれる結合です。したがって、バイオで扱う分子の特性は、その形、物性、反応性、すべてがそれを構成する共有結合の反映とみることができます。その意味で、共有結合を完全に理解できたら、生体分子の特性の大部分は合理的に推測できるほどになります。

　共有結合はかなり複雑な結合ですが、それを構成するのはσ結合、π結合という2種類の共有結合です。この2つを理解したら、他の結合はそれの応用にすぎません。生体分子を統一的に理解する、そのための王道であり、かつ一番の近道は共有結合を理解することです。

第Ⅱ部　3章　共有結合——生体分子を支える大黒柱

1. 分子の種類

　　原子を繋ぎ合わせて分子にする力を結合といいます。結合は重力と同じように物質の間に働く引力の一種です。しかし特色があります。それは非常に近い距離の間にしか働かないということです。茶碗が1個の塊として存在するのは、茶碗を構成する原子の間にいろいろの種類の結合が働いているからです。しかし、茶碗を割ると、その後、どのようにピッタリ合わせようと、二度と元の茶碗に戻ることはありません。これは結合がきわめて近い距離間にしか働かないことを示しているものです。

1 分子式と分子量

　分子とその結合についてみる前に、分子に関係したいろいろの概念をここで整理しておきましょう。

A）分子式
　分子を構成する原子の種類とその個数を表した記号、式を分子式といいます。水の分子式は H_2O であり、エタノール、ジメチルエーテルの分子式はともに C_2H_6O です。

B）分子量
　分子を構成する全原子の原子量の和を分子量といいます。原子の場合と同じように、1モルの分子の質量は分子量（にgをつけたもの）に等しくなります。

C）構造式
　分子式では原子の並び方がわかりません。原子の並び方を表した式を構造式といいます。エタノール、ジメチルエーテルは分子式は同じですが、構造式は図3-1に示したとおりであり、互いに異なる化合物であることがわかります。

	分子式	分子量	構造式
水	H_2O	18	H−O−H
エタノール	C_2H_6O	46	H H H−C−C−O−H H H
ジメチルエーテル	C_2H_6O	46	H H H−C−O−C−H H H

図3-1　分子式、分子量、構造式

D）異性体

エタノールとジメチルエーテルのように、分子式は同じでも構造式の異なるものを互いに異性体といいます。

2 分子の種類

分子は複数個の原子が集まって作った構造体です。しかし、分子にもいろいろの種類があります（図3-2）。

A）化合物

複数種類の元素からできた分子を特に化合物といいます。したがって、水素分子 H_2 は1種類の元素、水素からできているので化合物とはいいません。一方、水 H_2O やメタノール CH_3OH は複数種類の元素でできているので、化合物ということになります。

B）同素体

ただ1種類の元素からできた分子で、構造の異なる分子を互いに同素体といいます。酸素分子 O_2 とオゾン分子 O_3 は互いに同素体ということになります。また、ダイヤモンドと黒鉛（グラファイト）も炭素でできていながら構造が違うので互いに同素体です。

C）有機分子

すべての分子は有機分子（有機化合物）と無機分子（無機化合物）に分けることができます。有機化合物は英語で organic molecules といいます。organ は器官、臓器という意味もあり、これからわかるように有機化合物は、もともとは生体に由来する化合物を意味しました。

しかし現在では有機化合物は、炭素を含む化合物のうち一酸化炭素 CO、二酸化炭素 CO_2 のような簡単な構造の分子を除いたもの、と定義されています。

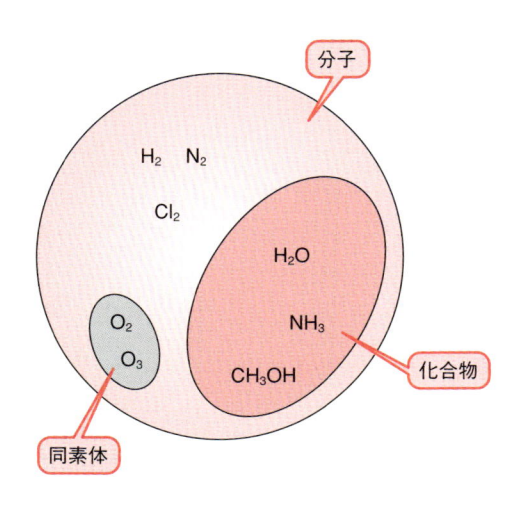

図3-2 分子の種類

2. 結合の種類

分子は原子が結合して作られるものですが、結合には多くの種類があります。その種類を図3-3にまとめました。

結合は原子間に働くものだけではありません。分子間に働く結合もあります。そのため、結合はまず、原子間に働くものと、分子間に働くものに分けることができます。

	結合名			例
原子間結合	イオン結合			NaCl, MgCl$_2$
	金属結合			鉄，金，銀
	共有結合	σ結合	一重結合	水素，メタン
		π結合	二重結合	酸素，エチレン
			三重結合	窒素，アセチレン
分子間力	配位結合			アンモニウムイオン
	水素結合			水，安息香酸
	ファンデルワールス力			ヘリウム，ベンゼン
	ππスタッキング			シクロファン
	電荷移動相互作用			電荷移動錯体
	疎水性相互作用			界面活性剤

図3-3 さまざまな化学結合

1 イオン結合

陽イオンと陰イオンの間に働く結合であり、塩化ナトリウム（食塩）NaCl の Na$^+$ と Cl$^-$ の間に働くものが典型的なものです（図3-4）。

イオン結合は電荷の間に働く静電引力ですので、陰イオンのまわりに何個の陽イオンがあろうと、その距離さえ同じなら、すべて同じ強度で働きます。これを不飽和性といいます。また、どのような角度にあろうと結合強度に影響は

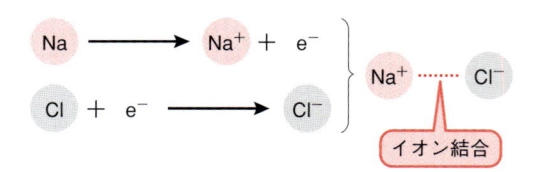

図3-4 イオン結合の例

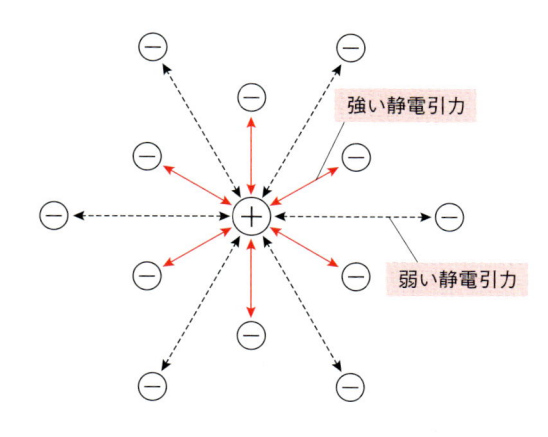

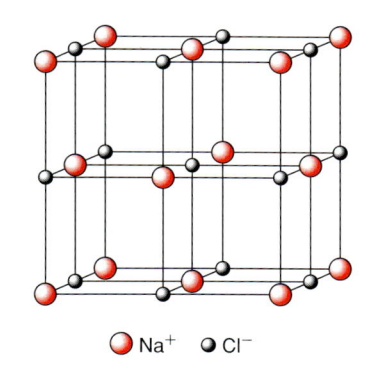

図3-5 イオン結合の不飽和性と無方向性

図3-6 NaClの結晶

ありません。これを無方向性といいます（図3-5）。

塩化ナトリウムの結晶を図3-6に示しました。ここにNaClという単位分子を指摘することはできません。このようにイオン結合の物質では、分子という単位構造は

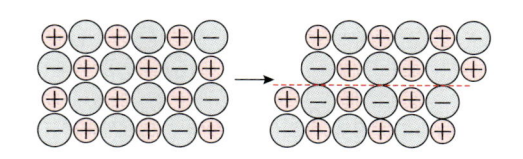

図3-7 イオン結晶

ありません。しいて言えば、結晶1個が1個の分子という状態です。

イオン結晶の部分をずらすと、陽イオンと陽イオンが接することになり、静電反発によって高エネルギーとなります。このため、イオン結晶は硬く、変形しにくくなっています（図3-7）。

2 金属結合

金属原子を結合して金属にする結合です。この結合では金属原子は電子を放出して金属イオンになっています（図3-8）。放出された電子を特に自由電子といいます。金属イオンは三次元にわたって整然と配列して結晶となり、その隙間を自由電子が満たしています。

このため、金属結晶の部分をずらしても、（金属）陽イオンと陽イオンが衝突することはありません。これが金属の展性、延性の原因となっています（図3-9）。

金属の特徴の1つは伝導性です。伝導性は自由電子が移動することに基づいて

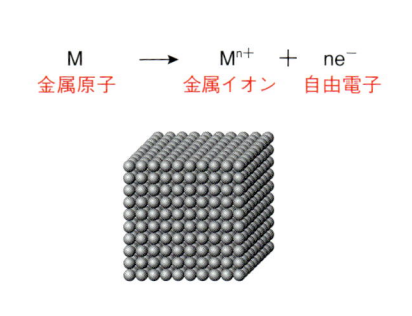

$$M \longrightarrow M^{n+} + ne^-$$
金属原子　　金属イオン　自由電子

図3-8 金属結合

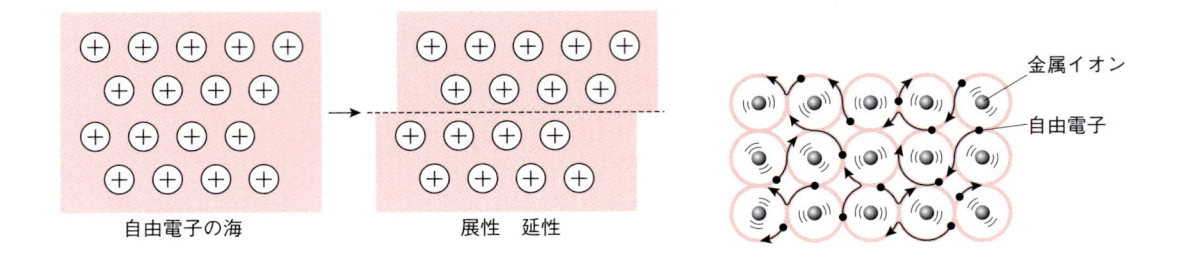

図3-9 金属が伸びる原理

図3-10 自由電子の移動と伝導性

います。自由電子の移動が容易ならば高伝導性となり、不自由ならば低伝導性となります。自由電子は金属イオンの間を縫って移動します（図3-10）。金属原子が静止していれば電子は容易に移動できますが、激しく振動したら電子は移動しにくくなります。

金属イオンの振動は温度の上昇とともに激しくなります。そのため、温度が低くなると金属の伝導度は高くなります。そしてある種の金属では、ある温度（臨界温度）より低くなると伝導度が無限大（抵抗＝0）となります（図3-11）。この状態を超伝導状態といいます。

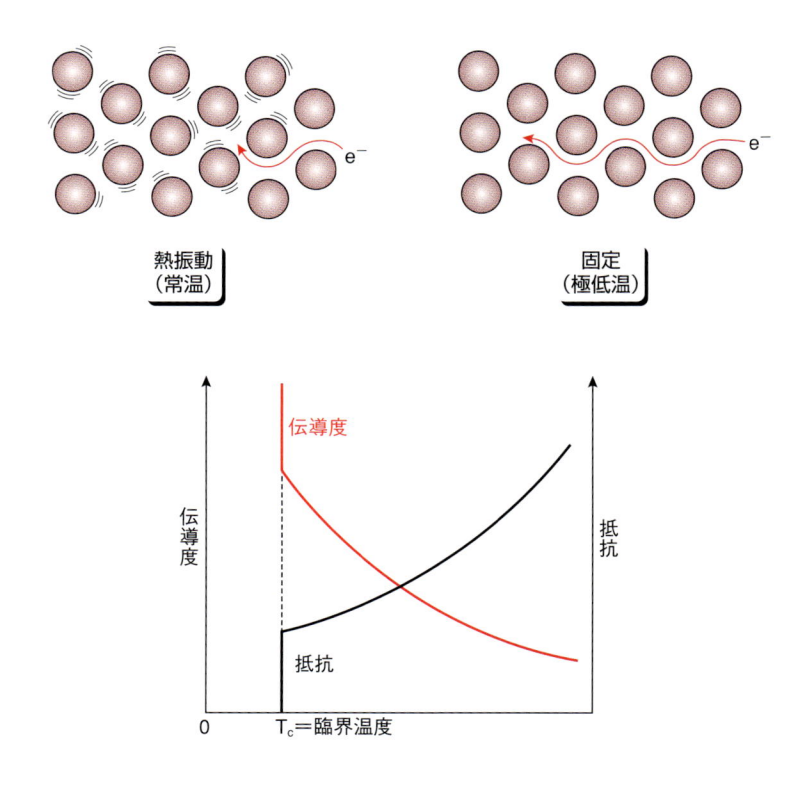

図3-11 金属の伝導度と温度の関係

3 共有結合

バイオで扱う分子のほとんどすべては有機分子であり、有機分子を構成する結合のほとんどすべては共有結合です。したがって、バイオ研究で最も大切な結合は共有結合ということになります。しかし、共有結合にはいくつかの種類があり、それらが組み合わさってまた別の結合を作るというように、複雑になっています。以下の説明は図3-12を見ながら読んでください。

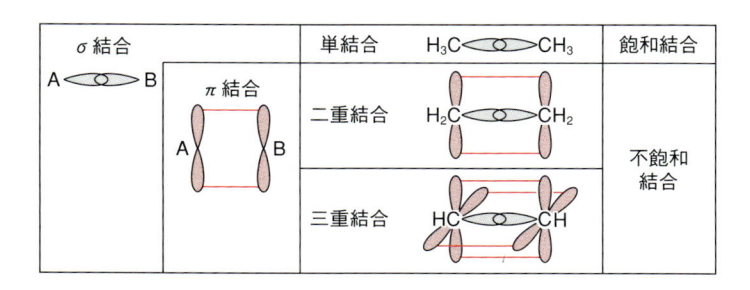

図3-12 共有結合の種類

A) σ結合とπ結合

共有結合を大きく分けるとσ（シグマ）結合とπ（パイ）結合になります。この2つの結合は非常に重要な結合ですので、後の節で改めて詳しくみることにします。

B) 飽和結合と不飽和結合

共有結合の種類としてよくみるのが単結合や二重結合ではないかと思いますが、これらの結合はσ結合とπ結合が組み合わさることによってできたものです。すなわち、単結合はσ結合だけでできた結合です。それに対して二重結合はσ結合1本とπ結合1本によって二重に結合した結合であり、三重結合は1本のσ結合と2本のπ結合によって三重に結合したものなのです。

単結合を飽和結合、二重、三重結合を不飽和結合といいます。

4 分子間力

分子と分子を結びつける力もあります。しかしこのような力は原子を結びつける結合に比べて弱い力なので結合といわず、分子間力といいます。分子間力には水素結合、ファンデルワールス力、疎水性相互作用、ππスタッキング、電荷移動相互作用などがあります。

分子間力はDNAの二重らせん構造を作ったり、タンパク質の立体構造を作ったりするなど、バイオにおいて非常に大きな働きをしますので、後に章を改めて詳しく説明します（8章参照）。

5 配位結合

　原子を結びつける結合であると同時に、分子を結びつけることもできるという特殊な結合です。ヘモグロビンのヘムやクロロフィルなど、化学で一般に錯体といわれる分子を構成する結合です。錯体は生体において重要な働きをしており、その働きの解明は近い将来、バイオの最重要課題の1つになると思われます。この結合も後に章を改めて詳しくみることにします（7章参照）。

6 結合エネルギー

　結合を切断するために必要なエネルギーを結合切断エネルギー、あるいは結合エネルギーといいます。図3-13にいくつかの結合の結合エネルギーを示しました。

　まず、分子間力のエネルギーが小さいことがわかります。また、共有結合では単結合 ＜ 二重結合 ＜ 三重結合の順で高エネルギーになります。また、イオン結合ではNaI ＜ NaBr ＜ NaCl ＜ NaFと、結合する原子の間の電気陰性度の差が大きくなるほど高エネルギーになっていることがわかります。

三重結合（共有結合）
- N≡N (946)
- C≡N (890)
- C≡C (838)

二重結合（共有結合）
- C＝O (743)
- C＝N (613)
- C＝C (612)
- N＝N (409)

イオン結合
- LiF (573)
- NaF (477)
- NaCl (406)
- NaBr (364)
- NaI (305)

単結合（共有結合）
- O―H (463)
- H―H (436)
- C―H (412)
- P―O (368)
- C―O (360)
- C―C (348)
- C―S (272)
- S―S (264)
- Cl―Cl (242)
- N―N (163)
- O―O (146)
- Li―Li (99)

分子間力
水素結合，ファンデルワールス力

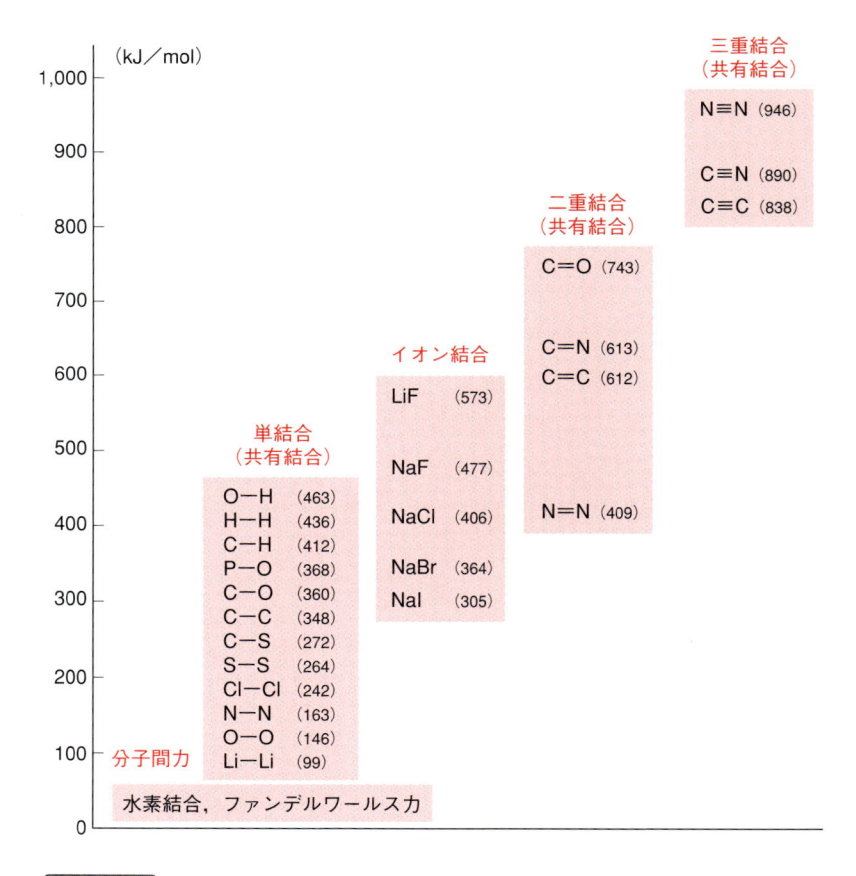

図3-13　結合エネルギー
『はじめての物理化学』（培風館）、2005、p.79、図5.18をもとに作成

3. 共有結合の本質
──水素分子はなぜ結合するのか

有機化合物を構成する結合は共有結合です。ここで共有結合とはどういうものなのか、水素分子を例により詳しくみていくことにしましょう。

1 水素分子と分子軌道

共有結合でできた最も簡単な分子は水素分子 H_2 です。水素分子の結合を通して、共有結合をみてみましょう。水素原子は原子核と1s軌道、そしてそこに入っている電子からできています。2個の水素原子が近づくと1s軌道が重なります。さらに近づくと2個の1s軌道が融合し、新しい軌道に変身します（図3-14）。この過程は2個のシャボン玉が融合して、大きなシャボン玉に変化する様子にたとえることができるでしょう。2個の電子はこの新しい軌道に入ります。

新しくできた軌道は（水素）分子に属する軌道なので、分子軌道（molecular orbital：MO）といわれます。それに対して元の1s軌道は原子に属するので、原子軌道（atomic orbital：AO）といわれることがあります。

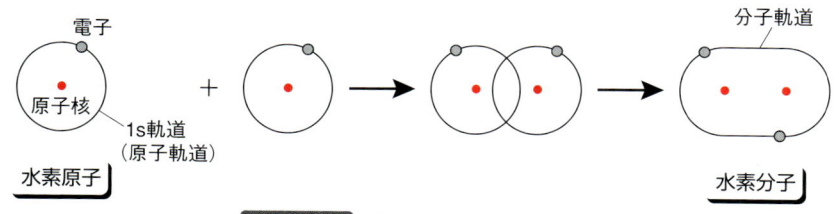

図3-14 水素原子同士の結合

2 結合電子により原子核が結合する

分子軌道に入った電子は分子を構成する2個の原子核の周囲に存在しますが、特に多く存在するのが原子核の間の領域です。この結果、2個の原子核は電子雲を通じて結合することになります（図3-15）。

すなわち、プラスに荷電した左側の原子核とマイナスに荷電した中央の電子雲との間には静電引力が発生します。同様に右側の原子核と電子雲との間にも引力が発生し

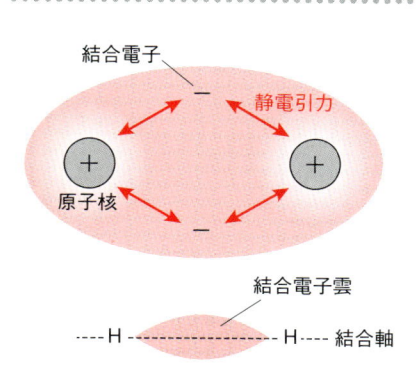

図3-15 結合電子を介した結合

ます。この結果、まるで電子雲を糊のようにして2個の原子核が結合するのです。このため、この電子を結合電子（雲）といいます。

結合する2個の原子核を結んだ線を結合軸といいます。水素分子の結合電子雲はこの結合軸に沿って紡錘形に広がっています。

3 価標が結合の数を決める

水素分子ができる様子は2個の水素原子が握手をする様子にたとえられることがあります。このように考えると水素原子の電子が握手のための手ということになります。握手をするためには1個の軌道に1個だけ電子が入った不対電子が必要になります。1個の軌道に2個入った電子対では自分たち自身で手を組んでおり、握手のために使うことができないからです。

このように結合に使うことのできる不対電子を結合手、あるいは価標といいます。原子のなかには複数個の不対電子をもっているものがありますが、このような原子はその不対電子の個数だけ共有結合を作ることができます。すなわち、水素原子は不対電子が1個なので価標も1本であり、1本の共有結合しか作ることはできませんが、酸素は2本、窒素は3本の結合を作ることができます。いくつかの原子の電子配置と価標の関係を図3-16にまとめました。炭素は不対電子が2個なのに価標は4本となっています。この理由については後に明らかにすることにします（4章参照）。ベリリウムやホウ素も不対電子と価標の数が異なっていますが、原理的には炭素と同じ理由によります。

水H-O-Hは、酸素が2本の価標を使って2個の水素原子と結合した結果できたものです。2個の酸素が2本ずつの価標を使って結合したのが酸素分子O=Oであり、このような結合を二重結合といいます。同様に窒素は3本の価標を使って窒素分子N≡Nを作ります。このような結合を三重結合といいます。

原子	Be	B	C	N	O	F
電子配置						
不対電子数	0	1	2	3	2	1
価標数	2	3	4	3	2	1

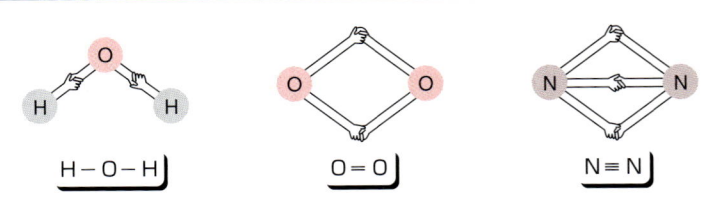

図3-16　価標と結合の関係

4. σ結合とπ結合
―有機化合物を作る基本結合

水素分子では2個の1s軌道が重なることによって結合が生成しました。しかし、結合を作ることができるのはs軌道だけではありません。p軌道も結合をつくることができます。

1 σ結合

p軌道には方向の違いによってp_x、p_y、p_zの3個があります（1章図1-11参照）。2個の原子A、Bがp_x軌道を使って結合するときの様子をみてみましょう。すなわち、2個のp_x軌道がx軸上を移動して近づくのです。この様子は、2個のみたらしが互いに串で突き刺しあうようにして近づく様子にたとえることができます。

この結果、図3-17に示したように2個のお団子がひしゃげるようにして接触し、大きなお団子に変身します。これは水素原子の場合と同じように、2個の原子核の間に結合電子雲が存在することを意味し、結合が成立したことになります。

この結合電子雲も水素分子の場合と同様に、結合軸に沿って紡錘形に存在します。そのため、Aを固定してBを回転しても、結合電子雲に変化は起こりません。このことはこの結合は結合軸に沿ってねじることができることを意味します。これを一般に、結合回転が可能であるといいます（図3-18）。

図3-17 σ結合のしくみ

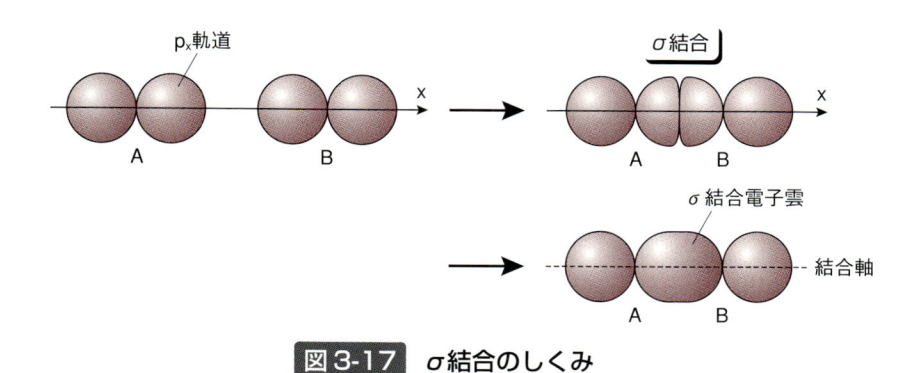

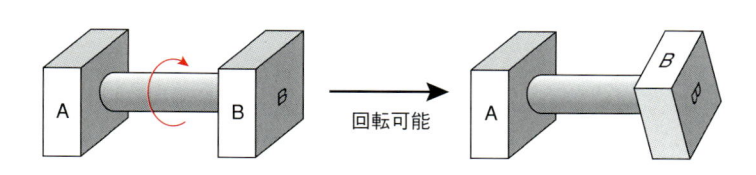

図3-18 σ結合は回転できる

結合回転が可能な結合をσ（シグマ）結合といいます。水素分子の結合もσ結合であり、回転が可能と考えられますが、検証のしようはありません。

2 π結合

結合に使うことのできるp軌道はp_x軌道だけではありません。2個の原子A、Bがp_z軌道を使って結合する様子をみてみましょう（図3-19）。

A、Bは互いのp_z軌道を平行にしたまま近づきます。この様子は、お皿に並べた2本のみたらしが転がって横腹を接してくっつく様子にたとえることができます。

この結果、結合は結合軸の上下2カ所で起こることになり、結合電子雲も2カ所に存在することになります。このようにして結合した分子ABで、Aを固定してBを回転したらどうなるでしょう。2本のみたらしは離れてしまい、結合は切断されることになります（図3-20）。

このように、回転すると切断される、すなわち結合回転のできない結合をπ結合といいます。

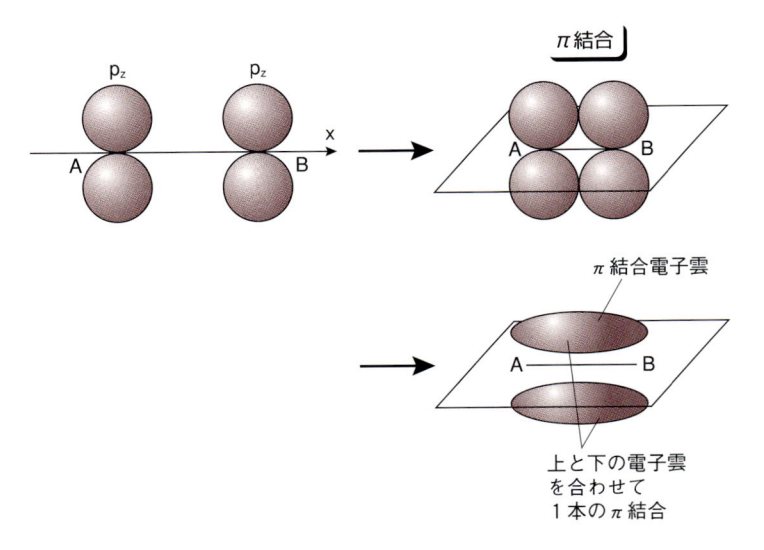

図3-19　π結合のしくみ

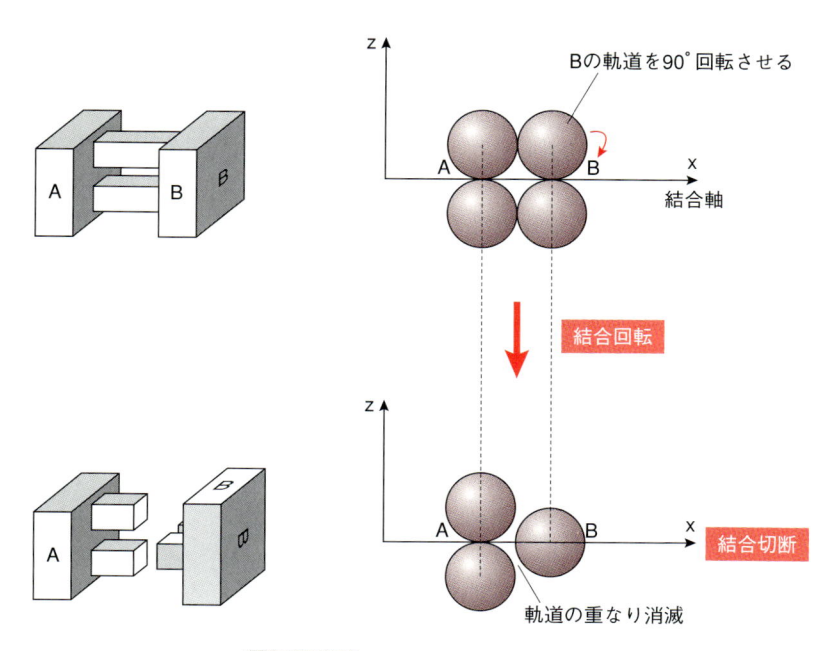

図 3-20　π結合は回転できない

3 結合の強弱

　共有結合は軌道が重なることによってできるものですから、結合の強弱は重なりの程度によって見積もることができます。図 3-21 は原子 A、B の間の距離を一定にした場合の σ 結合と π 結合の軌道の重なりの程度を表したものです。σ 結合のほうが重なりの程度が大きいことがわかります。

　このように、σ 結合と π 結合を比べると σ 結合の方が強固な結合といえます。そのため、σ 結合は分子の骨格を作る結合ということができます。それに対して π 結合は弱くゆるい結合といえますが、これは、π 結合電子雲が軟らかく変形しやすいことをも意味します。π 結合のこのような性質が二重結合をもつ有機分子の性質に大きく影響することになりますが、それについては後に章を改めて詳しく検討することにしましょう（5 章参照）。

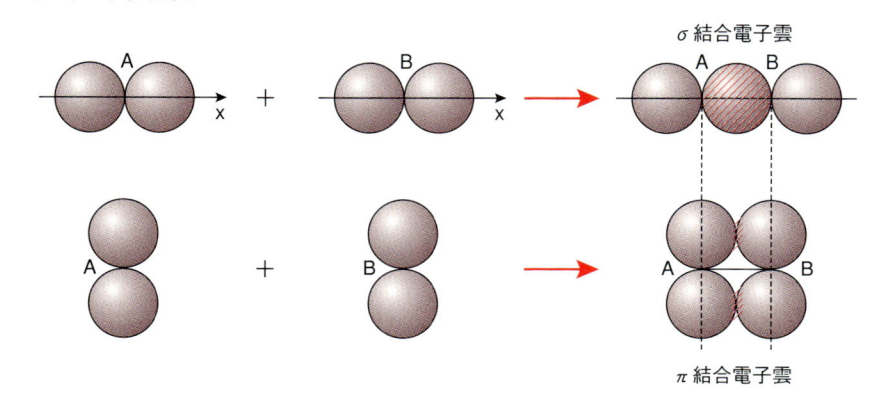

図 3-21　σ結合のほうが軌道の重なりが大きい

5. 共有結合もイオン性をもつ

> これまで、イオン結合の本質はプラス電荷とマイナス電荷の間の静電引力であり、共有結合は結合電子雲による結合であると説明してきました。しかし実際には、両者は必ずしも明確に区分できるものではありません。

1 結合電子雲の偏り

水素分子は共有結合で結合し、その結合電子雲は紡錘形であり、左右対称でした。フッ素分子 F_2 ではどうでしょうか？ F_2 の結合は2個の p_x 軌道によるものであり、σ結合です。結合電子雲は水素分子のものと同じように左右対称になっています（図3-22A）。

それではフッ化水素 HF の結合はどうでしょう？ HF の結合は H の s 軌道と F の p 軌道の間の結合であり、結合電子雲は結合軸に沿ってあり、回転のできるσ結合です。

H_2、F_2 と HF の違いは、H_2、F_2 は同じ原子でできた分子（等核二原子分子）であるのに対して、HF は異なる原子の間でできた分子だということです。したがって二原子の間で電気陰性度が異なります。このため、両原子間に存在する結合電子雲はフッ素側に引きつけられます。その結果、フッ素側は電子雲が過剰になってマイナスに荷電し、反対に水素側は電子が足りなくなってプラスに荷電します（図3-22B）。

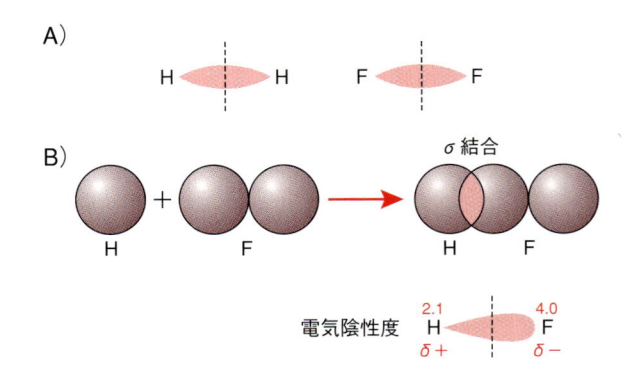

図 3-22 H_2、F_2、HF の結合電子雲の違い

2 結合分極

上でみたように、共有結合にイオン性が現れることを結合分極といいます。そして結合分極の現れた分子を極性分子、現れない分子を非極性分子といいます。原理的には異なった原子が結合すれば、多かれ少なかれすべて結合分極が現れることになります。

図 3-23 は結合する原子間の電気陰性度の差と、結合のイオン性の関係を表したものです。イオン性 100％の結合は（完全）イオン結合であり、イオン性 0％の結合は（完全）共有結合です。しかし、完全共有結合といえるものは等核二原子分子の結合くらいしかありえません。

このように、イオン結合と共有結合は、簡単に説明するときには全く異なった結合として説明しますが、詳しくみると実は連続しているのです。このように、A か？ B か？ で割り切れないところが化学の人間的で面白いところと私は思いますが、この辺はバイオにも似た面があるのではないでしょうか？

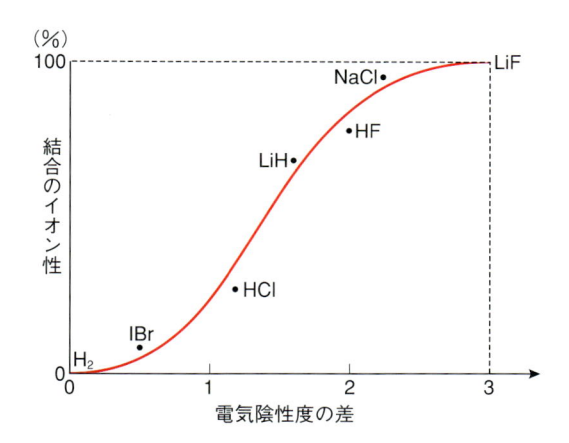

図 3-23 結合のイオン性

3 極性分子間の静電相互作用

図 3-24 に代表的な極性結合とそれを含む分子を挙げてみました。水やアンモニアは典型的な極性化合物です。したがって水やアンモニアの部分構造であるヒドロキシ基 OH やアミノ基 NH_2 を含む化合物も極性分子ということになります。

図にはプラスの部分に δ（デルタ）＋、マイナスの部分に δ －の記号をつけました。これらは部分電荷を表すもので、＋1、－1 ほどの電荷ではないが、適当に＋－であるという、まさしく適当な記号です。したがって 1 分子内で δ ＋と δ －の個数が合わ

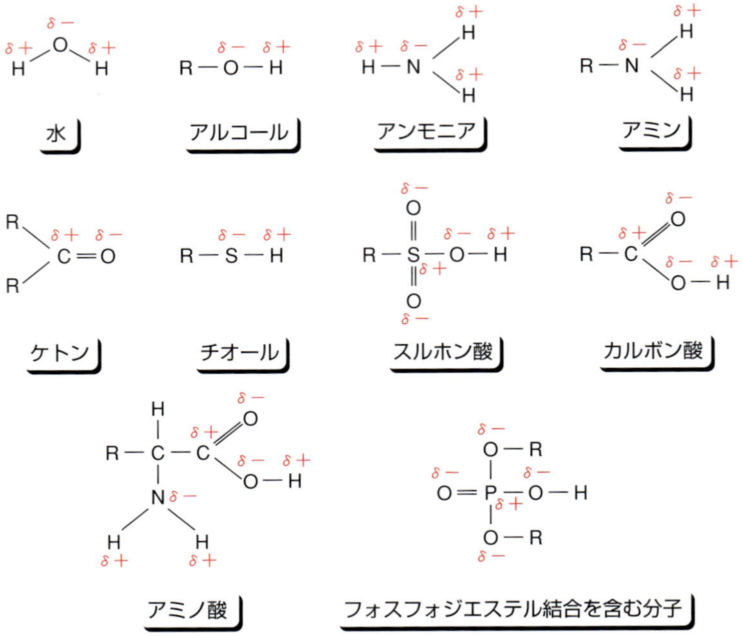

図3-24 代表的な極性結合

ないこともありますが、気にしないということです。

カルボニル基C=Oも代表的な極性基です。バイオで活躍する分子の多くはカルボニル基を含んでいます。

すなわち、生体を構成する分子のほとんどすべては極性分子であり、分子内にプラスの部分とマイナスの部分をもっているのです。そしてプラス部分とマイナス部分は静電引力によって互いに引き合います。

したがって生体を構成する分子は単独で存在し、挙動しているのではありません。周囲の分子と緊密に関係し、いわば情報交換をして自分の構造を修正し、周囲との調和を図っているのです。このような分子間の相互作用に関しては第Ⅲ部で詳しくみることにしましょう。

第Ⅱ部　化学結合でみえてくる分子の性質

4章

分子の形
——反応性を左右する電子状態

　分子は、複数個の原子が結合して作った構造体です。したがって構造、形があります。

　分子構造という場合には、原子がどのような結合によって結合し、その結果、個々の原子および分子全体の電子状態がどのようになっているか、ということに重点をおいて考えます。つまり、分子の電子状態です。逆にいうと、分子の結合状態や電子状態が明らかになれば、分子の形態も明らかになるという関係にあります。それ以外の、分子の立体的、あるいは機械的な形状は立体化学という分野で扱うことになります。

　ここでは有機化合物の結合状態を明らかにします。バイオで扱う化合物はほとんどすべてが有機化合物です。したがって有機化合物がどのような結合状態にあり、その結合角度がどれくらいかということはバイオ研究を進めるうえの基礎知識ともいうべきものです。さらに、分子を構成する原子の電子状態、分子上の電子雲の形、その濃度は有機分子の物性と反応性に大きく影響し、当然、生体の反応にも響いてくることになります。

第Ⅱ部　4章　分子の形—反応性を左右する電子状態

1. 同じ原子同士の結合

> 有機分子の構造は複雑で、いろいろの要素が絡み合います。そこでまず、基礎的な等核二原子分子の構造からみてゆくことにしましょう。ここでは単結合、二重結合、三重結合という、有機分子にとって基礎的な結合がわかりやすい形で出てきます。

1 単結合 F－F

フッ素原子Fは3個のp軌道をもっていますが、不対電子をもっているのはp_x軌道だけです。したがってFはp_x軌道を使って結合することになります（図4-1）。その結合の様子は3章4節でみたとおりです。

このようにσ結合だけでできた結合を単結合といいます。単結合はこれだけしかありません。すなわち、π結合だけでできた単結合は存在しません。

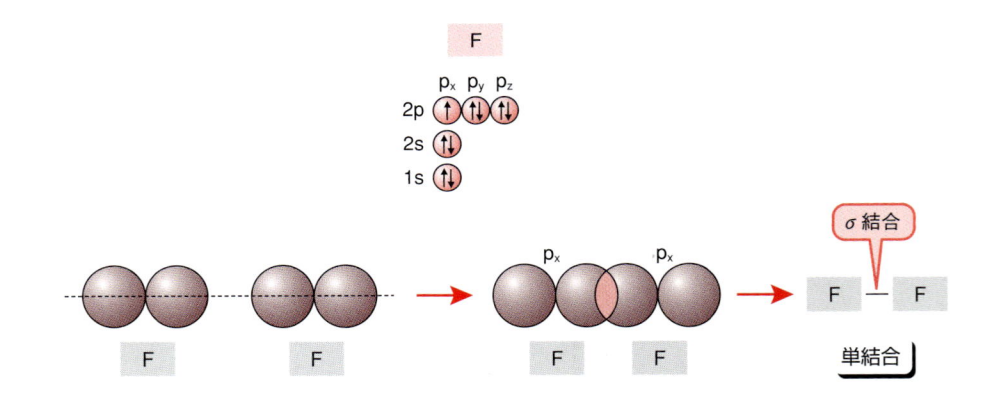

図4-1 フッ素原子の単結合

2 二重結合 O＝O

酸素はp_x軌道とp_z軌道に不対電子をもっています。したがってこの2個の軌道を使って結合することができます。

2個の酸素原子を、x軸上を移動するようにして近づけてみましょう。p_x軌道はフッ素分子の場合と同じように、σ結合を作ります。p_z軌道はどうでしょう？ 2本のみたらしが横腹を接するように近づきます。すなわち、3章4節でみたπ結合です。π結合の伝統的な表記法は図4-2右に示したようなものです。すなわち、軌道を細身

に書き、それを2本の横線で結んで表します。σ結合はただの直線で表します。

このように、酸素分子では、σ結合とπ結合とで二重に結合しています。このような結合を二重結合といいます。これ以外の二重結合はありません。

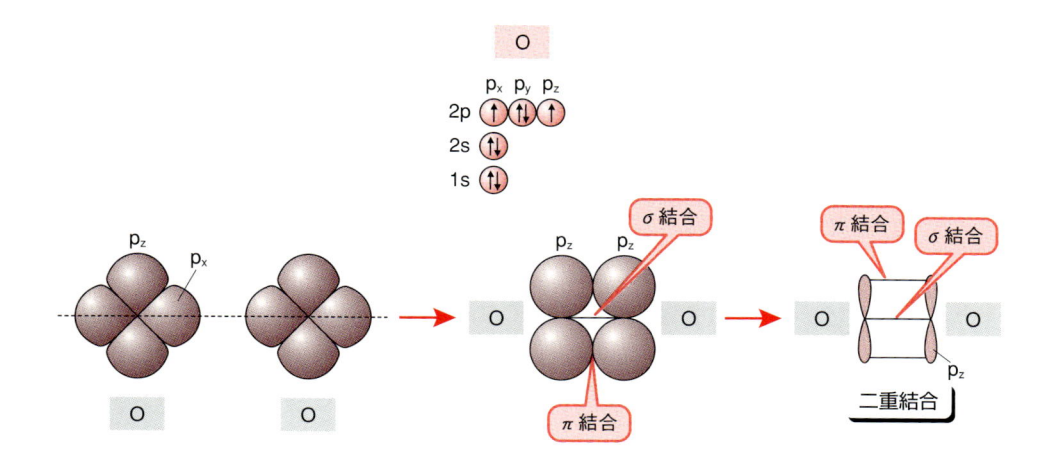

図4-2 酸素原子の二重結合

3 三重結合 N≡N

窒素の3個のp軌道すべてには1個ずつの不対電子が入ります。そのため、3個のp軌道すべてが結合に関与できます。

酸素の場合と同じように、x軸上を動かしてみましょう。2個の窒素間で、p_y軌道同士、p_z軌道同士がπ結合を作ります（図4-3）。すなわち、σ結合1本、π結合2本で三重に結合することになります。そのため、このような結合を三重結合というのです。これ以外の三重結合はありません。

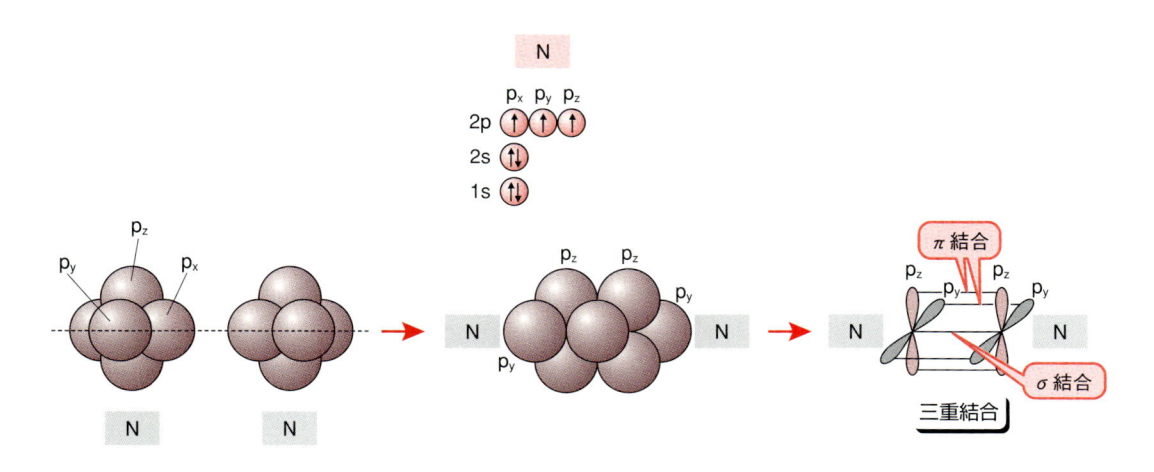

図4-3 窒素原子の三重結合

第Ⅱ部　4章　分子の形—反応性を左右する電子状態

2. 軌道は混成する

前節で基本的な分子の結合の様子をみたので、いよいよ有機分子の結合をみてゆくことにしましょう。有機分子の特徴は、炭素が特別の軌道を使って結合していることです。その軌道を混成軌道といいます。

1 混成軌道とは

　混成軌道というのは、原子軌道をアレンジして作った軌道ということです。たとえで考えてみましょう。豚肉と牛肉のハンバーグがあったとしましょう。値段は豚ハンバーグが100円、牛ハンバーグが200円です。オカーサンが1個ずつ買ってきて、混ぜ合わせて2個の合挽きハンバーグを作ったとしましょう。1個あたりの値段は平均値の150円になります（図4-4）。

　これが混成軌道の考え方そのものです。豚ハンバーグをs軌道、牛ハンバーグをp軌道と考えてください。値段はエネルギーです。そして、合挽きハンバーグが混成軌道です。この混成軌道はs軌道1個、p軌道1個を使ってできたものなのでsp混成軌道といいます。つまり、s軌道とp軌道を合わせて新しい2個の等価な軌道ができるのです。

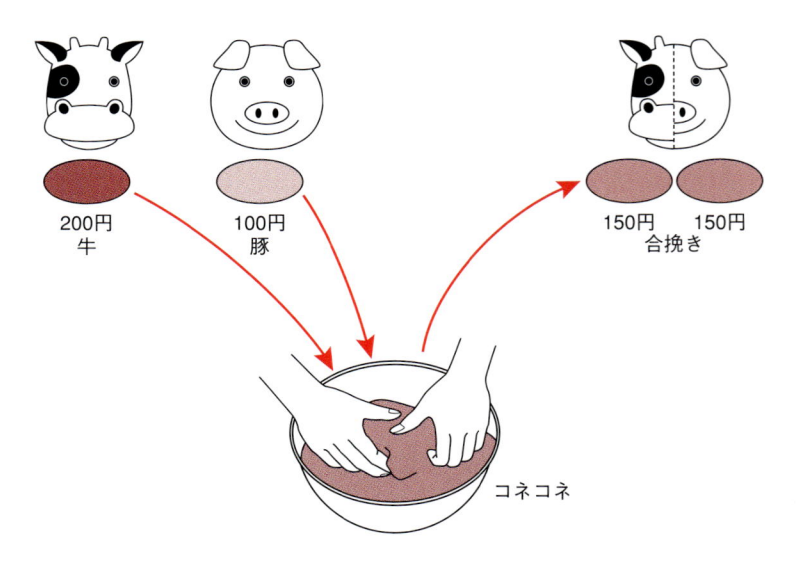

図4-4　混成軌道を肉でたとえると…

2 混成軌道の個数と形とエネルギー

混成軌道の様子を考えてみましょう。

A) 個数

原料（s軌道とp軌道）も生成物（混成軌道）もハンバーグですから、その大きさは規格化されています。したがって原料ハンバーグが2個なら生成ハンバーグも2個になります。このように、混成軌道の個数は原料軌道の個数に等しくなります。

B) 形

生成物はすべて合挽きハンバーグです。牛豚の比率は同じですので、形はみな同一となります。すべての混成軌道は同じ形です。すなわち、野球のバットを短く、太くしたような形です（図4-5）。

C) エネルギー

混成軌道のエネルギーは合挽きハンバーグの値段に比例します。原料軌道エネルギーの重みつき平均（加重平均）になります。すなわち、p軌道の割合が多いほど高エネルギーになります。

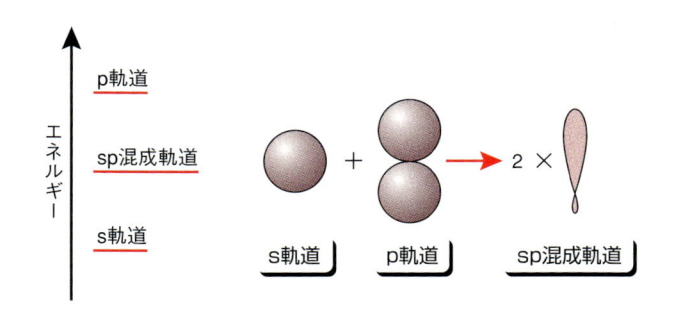

図4-5 sp混成軌道

第Ⅱ部　4章　分子の形—反応性を左右する電子状態

3. sp³混成軌道とメタン

炭素の混成軌道にはsp混成軌道、sp²混成軌道、sp³混成軌道の3種があります。最も単純でわかりやすいのはsp³混成軌道ですので、それからみてゆくことにしましょう。

1 sp³混成状態の電子配置

sp³混成状態炭素の電子配置は図4-6に示したとおりです。基底状態ではL殻の4個の電子は2個が2s軌道に電子対を作って入り、残りの2個が2個のp軌道に不対電子として入ります。したがって基底状態の炭素の価標は2本となります。

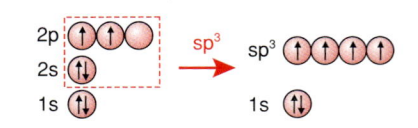

図4-6 sp³混成の炭素の電子配置

しかし、sp³混成状態ではエネルギーの等しい混成軌道が4個存在します。このような場合、電子はスピンの方向を揃えたほうが安定となりますので、4個の軌道に1個ずつ分かれて入り、スピンの方向を揃えることになります。その結果、価標は4本となり、4本の共有結合を作ることができることになるのです。

2 sp³混成軌道の形と空間配置

s軌道1個とp軌道3個が混成してできた軌道をsp³混成軌道といいます（図4-7）。sp³の3はp軌道を3個用いたことを意味します。

前節でみたように、混成軌道の原料となる軌道は全部で4個ですので、混成軌道も4個となり、しかもその形はすべて同じです。

混成軌道の間の角度は、混成に寄与した原料軌道の空間要素によります。sp³混成では、p軌道とs軌道のすべてが関与します。s軌道は球形ですから全空間をカバーします。3本のp軌道は全空間のうち、それぞれx、y、z方

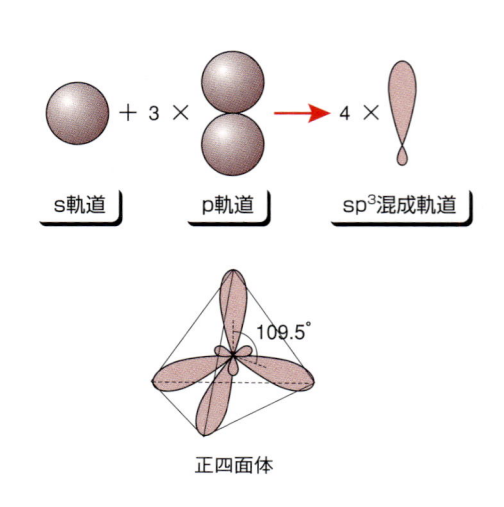

図4-7 sp³混成軌道の形

向の成分をカバーします。sp³混成軌道はこれらの軌道すべてを動員した混成軌道です。したがって4個の混成軌道で全空間をカバーしなければなりません。

4方向の成分で全空間をカバーしようとしたら答えは1つです。4個の混成軌道は正四面体の頂点方向を向かなければなりません。

3 混成軌道を使う理由

これでメタンの結合を考えるための準備はできたのですが、それをみる前に、もう少し本質的な問題、すなわち、そもそもなぜ炭素は混成軌道を使うのか、という問題から考えてみましょう。その理由は3つ考えられます。

A）結合数が2本から4本に増える

これは本節 1 でみたとおりです。

B）結合形成によって安定化する

結合の本数が2本から4本に増えることがなぜメリットになるのでしょう。それは結合形成が系を安定化するからです。

結合を切断するためにはエネルギーΔEが必要です。これを結合エネルギーといいます（図4-8）。これは結合していない系（原子）2Aと結合した系（分子）A_2の間にはΔEだけのエネルギー差があり、結合したほうが安定なことを意味します。

このような安定化するシステム（結合）を4本もつ系と2本しかもたない系では前者のほうが安定なことは言うまでもないことです。

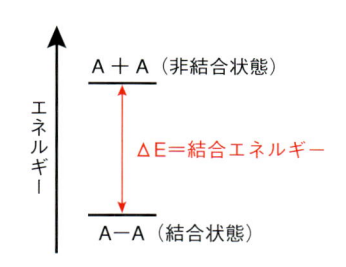

図4-8 結合エネルギー

C）混成軌道は重なりに有利

3章4節 3 で、結合は電子雲の重なりが大きいほうが強いことをみました。強いということは結合エネルギーが大きい、すなわち安定化の程度が大きいことを意味します。

s軌道、p軌道、混成軌道の形を比べると、電子雲が一方向にせり出す割合は混成軌道が最も大きいことがわかります（図4-9）。ということは混成軌道を用いると電子雲の重なりが最も大きくなり、強固な結合ができることになります。

以上の理由で炭素は混成軌道を使って結合するのです。

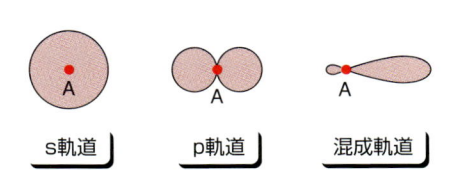

図4-9 各軌道の形の比較

4 メタンの構造

　sp^3 混成状態の炭素が作る最も基礎的な分子はメタン CH_4 です。メタンでは混成軌道のそれぞれに水素の 1s 軌道が重なり、それぞれが σ 結合を作ることになります。

　その結果、メタンの形はテトラポッドと同じ形になり、結合角度∠HCH は 109.5°となります。すなわち、4 個の水素原子を結んだ線は正四面体を形作ることになり、各水素は正四面体の頂点方向を向くことになります（図 4-10）。

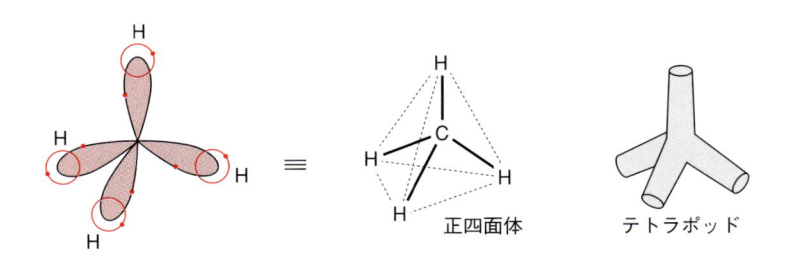

図4-10 メタンの構造

第Ⅱ部　4章　分子の形—反応性を左右する電子状態

4. エタンの構造

エタン C_2H_6 はメタンに次いで簡単な構造の分子ですが、メタンと異なり、C−C結合をもっています。そのため、メタンでは現れなかった問題が発生してきます。

1 エタンの構造

メタンから水素原子1個を外してみましょう。水素原子 H· が外れた軌道には不対電子·が残り、H_3C· となります。このように不対電子をもった原子団を一般にラジカルといい、不対電子をラジカル電子といいます。H_3C· はメチルラジカルと呼ばれます（図4-11）。

2個のメチルラジカルが結合したらどうなるでしょうか。互いの不対電子を価標として結合してエタン H_3C-CH_3 となります。エタンのC−C結合は σ 結合であり、単結合ですので、自由回転が可能となります。

図4-11 メチルラジカルとエタン

2 エタンの回転

エタンのC−C回転は自由回転といいましたが、正確にいうとチョット異なります。2個の炭素についた水素の関係をみると、空間的に互いに重なった"重なり型"と、互いにねじれた"ねじれ型"があることがわかります。

このような立体配置をわかりやすく、かつ正確に表現する表示法がニューマン投影式です。図4-12では○は炭素を表します。結合線が○の中心まで伸びている水素は手前の炭素に結合していることを意味します。それに対して、結合線が円周で切れて

いる水素は奥の炭素に結合していることを表します。

この図によれば、重なり型では手前の水素と奥の水素の角度（二面角）が0°であり、ねじれ型では60°となることがわかります。

図 4-12 ニューマン投影式

3 回転とエネルギー

図4-13はエタンにおける結合回転とそのエネルギーを表したものです。重なり型は高エネルギーです。この原因は水素原子の間の立体反発です。しかし両者の間のエネルギー差は小さいので、両者を異なる分子として分離することはできません。しかし、エタンのC-C結合は全く自由な回転ではなく、幾分引っかかりのある、いわばカチッカチッというような回転であるとはいえるのではないでしょうか？

このような微妙なエネルギーの差が分子の立体構造を支配することになるのです。

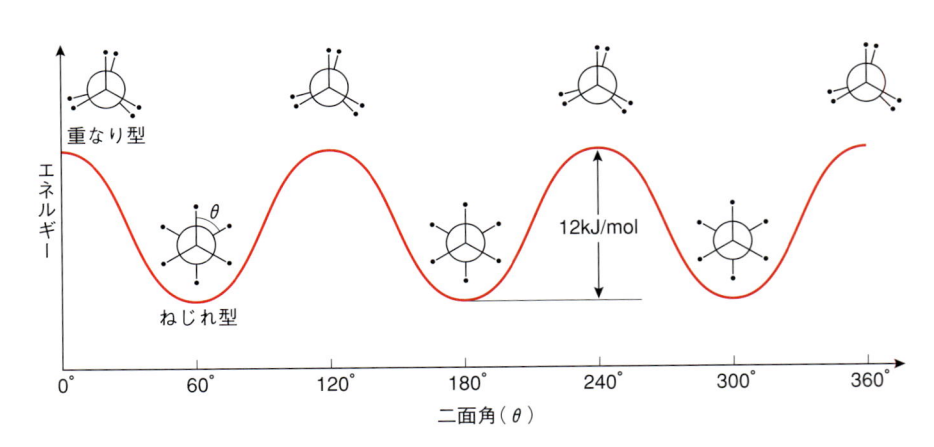

図 4-13 エタンの結合回転とそのエネルギー

4 回転異性体

重なり型とねじれ型は分子式が等しくて構造式が異なることになりますので、互いに異性体ということになります。このような異性体を回転異性体あるいは配座異性体といいます。

5. sp² 混成軌道とエチレン

> sp² 混成軌道は 1 個の s 軌道と 2 個の p 軌道からできた混成軌道です。sp² の 2 は 2 個の p 軌道が関与していることを示します。原料軌道が 3 個ですので、混成軌道も 3 個ということになります。

1 sp² 混成軌道

図 4-14 は基底状態と sp² 混成状態における炭素の電子配置です。sp² 混成軌道は 2s 軌道と p_x、p_y 軌道の間の混成です。したがって軌道の太さが占める空間を別にすれば、主な空間的な成分は xy 成分だけですので、混成軌道は xy 平面上に存在することになります。そして 3 個の軌道で平面をカバーしようとしたら、各軌道の角度は 120°ということになります。

sp² 混成状態の炭素で重要なのは、実は混成軌道ではなく、混成に関与しなかった p_z 軌道です。p_z 軌道は混成軌道の乗る xy 平面を突き刺すように、z 軸方向に聳え立ちます。

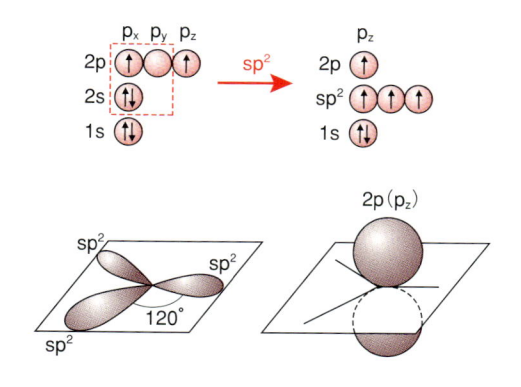

図 4-14 sp² 混成の炭素の電子配置

2 エチレンの結合

sp² 混成状態の炭素が作る基本的な化合物はエチレン $H_2C=CH_2$ です。エチレンの基本的な結合状態は図4-15 に示したとおりです。

A) σ骨格

すなわち、xy 平面にある 2 個の sp² 混成炭素が、互いの混成軌道の 1 個を重ねて σ 結合を作ります。そして残った 2 個ずつの混成軌道に水素原子の 1s 軌道を重ねて σ 結合を作ります。この結果、6 個の原子が一平面上に乗ったエチレンの基本構造ができます。このように σ 結合だけでできた部分構造を特に σ 骨格ということがあります。

B) π結合

図4-16 は炭素の p_z 軌道を強調したものです。σ 結合は直線で表してあります。2 個の p_z 軌道は互いに横腹を接しますので π 結合を作ることになります。このように 2 個の炭素は σ 結合と π 結合で二重に結合されますので、二重結合ということになります。

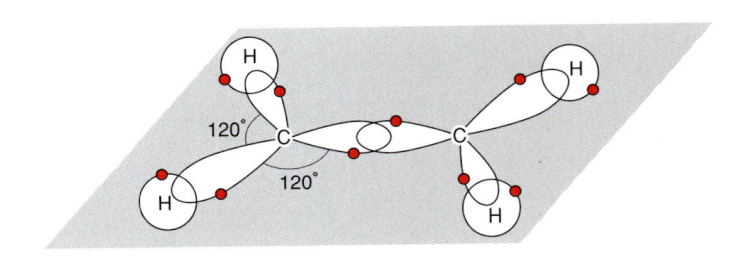

図4-15 エチレンのσ結合

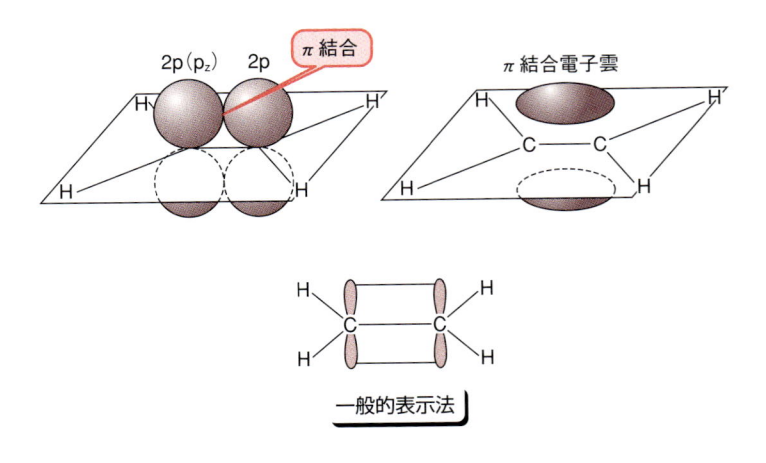

図4-16 エチレンのπ結合

3 シス・トランス異性

二重結合はσ結合とπ結合からできていますが、3章でみたようにπ結合は回転できません。したがって二重結合も回転できないことになります。

A) シス体・トランス体

図4-17のエチレン誘導体Aは2個の置換基Xが二重結合の同じ側についたもので、一般にシス体といわれます。それに対してBは反対側についているもので、トランス体といわれます。二重結合は回転できませんので、シス体とトランス体は互いに異なる化合物ということになります。AとBは、分子式は同じですが構造式が異なるため、互いに異性体ということになります。このような異性体を特にシス・トランス異性といいます。

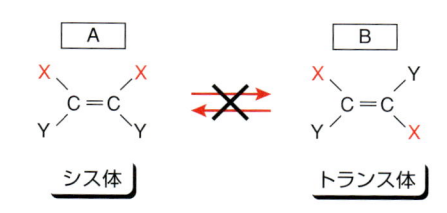

図4-17 シス・トランス異性

B) 異性化

二重結合に充分なエネルギー、すなわち、π結合を切断するだけのエネルギーを与えれば二重結合は回転できることになります。すなわち、シス体とトランス体の間の異性化が起こることになります。

このようなエネルギーは熱エネルギーや光エネルギーとして与えられることになります。このエネルギーは熱ならば100℃以上に相当しますので、生体では不可能ですが、光エネルギーならば可能です。例えば、視細胞におけるロドプシンに含まれるレチナールは、光によってシス・トランスの異性化を起こすことによって光刺激を化学反応に置き換えていることが知られています（図4-18）。

図4-18 光エネルギーによる異性化の例

6. sp混成軌道とアセチレン

> sp混成軌道は1個のs軌道と1個のp軌道からできた混成軌道ですので2個あることになります。

1 sp混成軌道

図4-19はsp混成状態の炭素です。3個のp軌道のうち、混成軌道にはp_x軌道を使いますので、2本の混成軌道はx軸上で互いに180°の角度で反対方向を向くことになります。

混成に関係しなかったp_y、p_z軌道はそのまま残りますから、混成軌道と直交することになります。

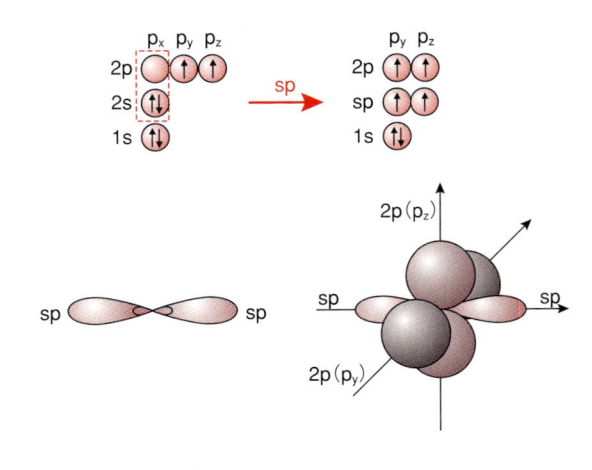

図4-19 sp混成の炭素の電子配置

2 アセチレンの結合

sp混成軌道を使った代表的な化合物はアセチレン HC≡CH です。図4-20Aはアセチレンのσ結合部分です。4個の原子が一直線に並んで、直線状の分子を形成していることがわかります。

図4-20Bはπ結合を加えた図です。先にみた窒素分子と同様に2個のπ結合が存在します。このようにアセチレンの炭素は1本のσ結合と2本のπ結合で三重に結合していますので三重結合ということになります。

π結合の電子雲は互いに流れ寄って円筒状になるものと思われます。この結果、三重結合は回転可能となるものと思われますが、検証のしようはありません。

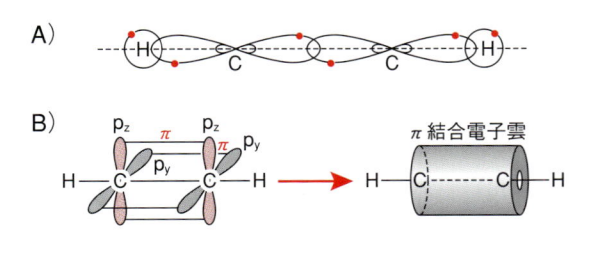

図4-20 アセチレンの結合状態

第Ⅱ部　4章　分子の形—反応性を左右する電子状態

7. アンモニアと水の共通点

ここまでは炭素の結合についてみてきましたが、バイオで活躍する分子には酸素や窒素を含むものがたくさんあります。ここでそのような分子の代表として、アンモニアと水の結合についてみておきましょう。

1 アンモニアの結合

　アンモニア NH_3 の窒素は sp^3 混成です。sp^3 混成状態の窒素の電子配置は図4-21Aに示したとおりです。4個の混成軌道のうち1個には非共有電子対の2個の電子が入っており、結合を作ることができません。したがって窒素は不対電子の入った3個の軌道を使ってアンモニア分子を作ることになります。

　図4-21Bはその様子を表したものです。軌道の角度は sp^3 混成の角度を引き継ぎますから基本的にメタンと同じ109.5°のままです（しかし実際には、非共有電子対の反発により、約107°となることが知られています）。

　しかし、分子の形はメタンと異なります。すなわち、分子の構造という場合には、原子核を結んだ直線で構成される形態をいうのであり、電子雲は無視されます。したがってアンモニア分子の形は、正三角形の底面と3枚の二等辺三角形から構成された三角錐ということになります。

　窒素原子上には非共有電子対があります。これがアンモニアの結合性に大きな影響を与えることになりますが、それは後の章で改めてみることにしましょう（7章参照）。

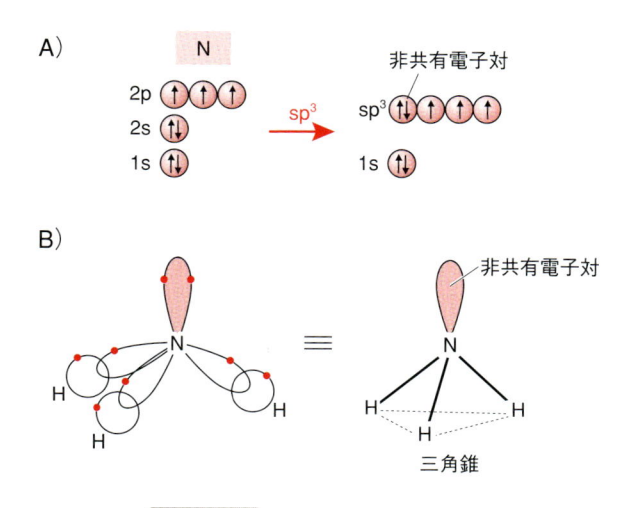

図4-21　アンモニアの構造

2 アミンの結合

アミノ基 NH_2 をもった化合物を一般にアミンといいます。アミノ酸はアミンの一種です。アミンの結合はアンモニアの水素の1個を炭素原子団に置き換えたものです。したがって窒素は sp^3 混成であり、その上には非共有電子対があります（図 4-22）。

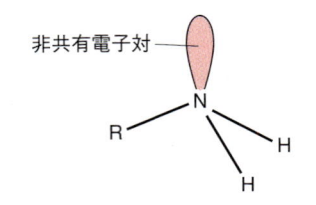

図 4-22 アミンの構造

3 水の結合

水を構成する酸素も sp^3 混成です。sp^3 混成酸素の電子配置は図 4-23 に示したとおりですが、非共有電子対を2組もっています。したがって酸素は2個の水素と結合することになり、結合角度は基本的に 109.5° となりますが、実際には非共有電子対の反発により 104.5° であることが知られています。酸素原子の上には正四面体の頂点方向を向くように2組の非共有電子対があります。

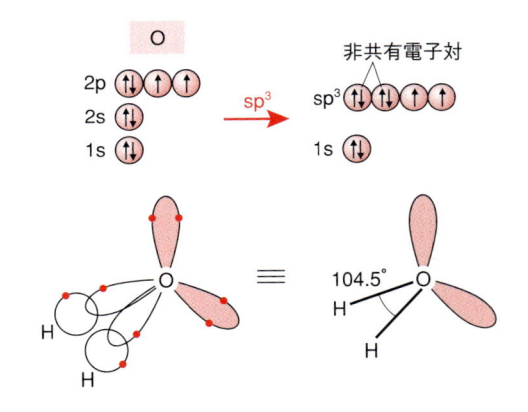

図 4-23 水の構造

4 アルコール、エーテルの結合

アルコールは水の水素1個を炭素原子団に置き換えたものです。したがってアルコールの水素原子は水の水素原子と本質的に同じであり、中性です。酸素原子の上には2組の非共有電子対が存在します。

水の水素をすべて炭素原子団に置き換えたものがエーテルです。したがってエーテルは水と同じようにくの字型に曲がった形をしています。

このように、軌道をもとに分子の結合状態を考えてみると、一見さまざまにみえる分子の構造も、実は共通したかたちをもっていることがみえてくるのではないでしょうか？

第Ⅱ部　4章　分子の形—反応性を左右する電子状態

8. 三員環の構造
—三角形でいられる理由

> 有機化合物には普通の結合様式では説明しにくい結合がいくつかあります。三員環の結合もそのようなものの1つでしょう。

1 シクロプロパンの構造

　三員環の基本はシクロプロパンです（図4-24）。シクロプロパンの結合様式は代表的なものだけでも2通り提唱されています。ここでは、有機一般に取り入れられている結合様式について説明しましょう。

　この様式では炭素は sp^3 混成であると考えます。したがって混成軌道間の角度は109.5°となります。しかし、三員環は三角形ですから、その内角は60°です。sp^3 混成軌道でどうやって60°の角度を作るのでしょう？

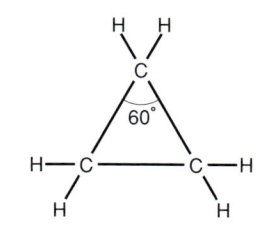

図4-24　シクロプロパン

2 バナナボンド

　心配は要りません。シクロプロパンの大きさの三角形の上に sp^3 混成状態の炭素3個を置いてみましょう。軌道はちゃんと重なります。ただし、重なる位置は三角形の辺の上ではありません。外側にはみ出しています（図4-25）。

　このように、三員環の結合電子雲はバナナ型に曲がっているのでバナナボンドといわれます。変形していますが σ 結合の一種です。先に結合の強弱は軌道の重なりで見積もることができることをみましたが、バナナボンドは普通の σ 結合より重なりが少ないため、弱くなっています。このことは、三員環が壊れやすいことを合理的に説明することになります。

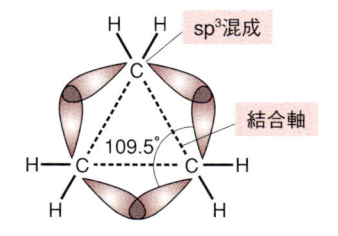

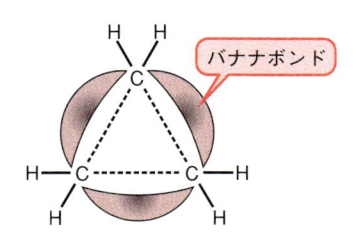

図4-25　バナナボンドと三員環

このように、三員環の結合電子雲は曲がっており、結合電子雲をなぞると三員環はむしろ丸い構造といったほうがよいようにも思えます。しかし、分子の形を考えるときには電子雲は無視されます。分子の形は原子核を結んだ直線が表す形で考えます。そのため、三員環の形はやはり三角形なのです。

3 エポキシ環

シクロプロパンの1個の炭素が酸素に置き換わったものをオキシシクロプロパン、一般にエポキシ環といいます。エポキシ環は環状エーテルの一種ですから、酸素の結合状態はエーテルと同様、すなわち水と同様です。混成はsp^3混成であり、酸素上には2組の非共有電子対があります（図4-26）。シクロプロパンと同様に軌道の重なりが浅いため、結合は弱く、そのため環開裂をしやすく、反応性に富みます。

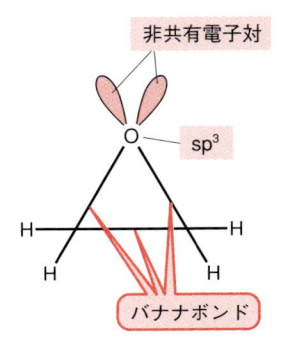

図 4-26　エポキシ環

第Ⅱ部 化学結合でみえてくる分子の性質

5章

不飽和結合
——共役系が司る分子の性質

　単結合を飽和結合というのに対して、二重結合、三重結合を不飽和結合といいます。不飽和という意味は足りないという意味であり、不飽和結合が他の分子と付加反応して飽和結合になることがあることを意味した命名です。

　不飽和結合の特色はπ結合をもち、π（結合）電子雲をもつということです。有機化合物の物性、反応性のほとんどすべてはπ電子雲に基づくものです。その意味で、"有機化合物の大切な部分はπ電子雲"だといっても過言ではないでしょう。σ結合に基づくσ骨格はπ電子雲の入れ物、という意味で捉えてもそれほどひどい間違いではないでしょう。

　不飽和結合のなかでも特に大切なのは共役二重結合（共役系）です。共役系ではπ電子雲が分子全体に広がり、その一端に刺激が与えられると、さざなみが広がるように、π電子雲全体に情報が伝わります。生体の神経系のようなものです。有機化合物の面白みは共役系にあると言ってよいでしょう。

　もう1つ大切なのは炭素以外の原子が関与する二重結合です。具体的にはC＝O、C＝N結合です。さらにこれらが共役系に組み込まれた系です。バイオで活躍する分子の多くはこのような分子ではないでしょうか？

　本章は、本書の中心になる章です。面白いです。楽しみながら読んでください。

第Ⅱ部　5章　不飽和結合——共役系が司る分子の性質

1. 共役二重結合のからくり

> 単結合と二重結合が交互に繋がった結合を全体として共役二重結合といいます。共役二重結合は共役系全体に広がったπ（結合）電子雲をもち、特別の物性と反応性をもちます。バイオ関係の化合物の多くも共役二重結合をもっています。

1 非局在π結合

　共役二重結合をもつ代表的な分子はブタジエンです。ここでは2個の二重結合が単結合で連結されています。すなわち図5-1の構造1に示したように、C_1-C_2、C_3-C_4間が二重結合であり、C_2-C_3間は単結合になっています。

　ブタジエンの4個の炭素はすべて二重結合を作っていますので、その混成状態はsp²混成であり、すべての炭素上に1個ずつのp軌道があります。図5-1Aはこのp軌道を強調したものです。

　図によれば、4個の炭素はお皿に並んだ4本のみたらしと同様に、すべてピッタリと横腹を接してくっついています。これはπ結合が、図5-1BのようにC_1からC_4に至るすべての炭素上に広がっていることを意味します。このようなπ結合を非局在π結合といいます。それに対してエチレンのπ結合のように、2個の炭素間に限定されているものを局在π結合といいます。

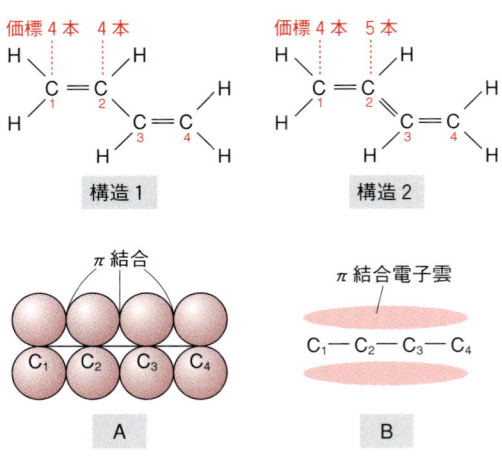

図5-1　ブタジエンの構造

2 炭素の価標

　上の考察によって、π結合はC_1-C_2、C_3-C_4間だけでなく、C_2-C_3間にもあることがわかりました。したがってC_2-C_3間もσ結合とπ結合とで二重に結合した二重結合ということになります。

　図5-1の構造2はそのようにした構造式です。でも、なにか変です。炭素の価標を数えてみましょう。C_1はσ結合3本（C-H 2本とC-C）とπ結合1本ですから合わせて4本です。しかしC_2ではσ結合3本（C-H 1本とC-C 2本）とπ結合2本で合わせて5本になります。炭素の価標は4本なのですから、これはおかしいと言わざるを得ません。

3 単結合と二重結合の中間

π結合を構成するp軌道の個数を数えてみましょう。エチレンでは2個のp軌道で1本のπ結合を作っています。しかしブタジエンでは4個のp軌道で3本のπ結合を作っています。この関係を図5-2にまとめました。単純計算をすると、ブタジエンのπ結合を構成するp軌道の個数はエチレンの場合の2/3なのです。これは橋でいえば、コンクリートをケチった手抜き工事です。橋の強度は正規の橋の2/3しかありません。怖くて渡れたものではありません。

	π結合	p軌道	比
エチレン	1本	2個	1
ブタジエン	3本	4個	2/3

図5-2 エチレンとブタジエンの比較

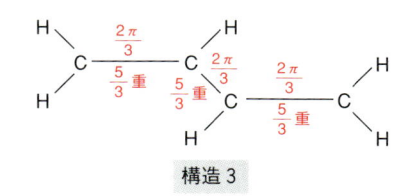

図5-3 ブタジエンの実際の結合状態

図5-3の構造3はこのような事情を考慮したブタジエンの構造式です。各炭素間に存在するπ結合は2/3なのですから、その結合はσ結合の1を足して5/3重結合というような結合なのです。

これが共役二重結合の本質です。共役二重結合では単結合も二重結合もすべて等しく、その中間なのです。

4 共役二重結合の安定性

共役二重結合には非常に大きな特徴があります。それはエネルギーが低くて安定であるということです。すなわち、C_2–C_3間にπ結合を作らせないように、この間の結合を伸ばしてみましょう。するとC_2–C_3間は単結合だけになります

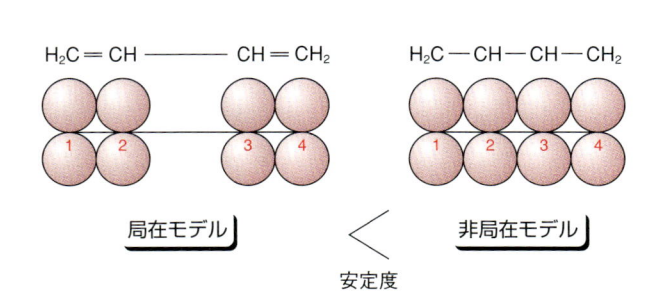

図5-4 共役二重結合は安定

から、構造は図5-4の左のようになります。このような構造を局在モデルと呼びます。それに対して上で考察をした構造3は非局在モデルです。

この両者を比較すると、非局在モデルのほうが低エネルギーで安定なのです。なぜ安定なのかは次章でみることにしますが、とにかく安定なのです。そのため、分子は共役できる場合には必ず共役系となります。これは非常に大切なことです。

第Ⅱ部　5章　不飽和結合——共役系が司る分子の性質

2. 芳香族になる条件

芳香族化合物は有機化合物のなかでも特に重要な一群です。それは安定で反応性に乏しく、反応するにしても特殊で特有な反応しかしません。しかし特有な物性をもち、バイオ関係の物質のなかでもいろいろな面で活躍しています。

1 環状共役化合物

芳香族化合物は環状共役化合物の一種です。環状共役化合物とはどのようなものかをみてみましょう。環状共役化合物とは、sp^2混成炭素だけで構成された環状化合物で、環内に単結合と二重結合が1つおきに結合したものです。

A) シクロブタジエン

最も簡単な環状共役化合物はシクロブタジエンでしょう。その構造を図5-5Aに示しました。4個の炭素はすべてsp^2混成であり、4個のp軌道が環状に並んですべての間でπ結合を作り、4本のC–C結合はすべて完全に等しくなっています。

4個のp軌道で4本のπ結合を作ることになるので、1本のπ結合に使うp軌道の個数は1個であり、エチレンの場合の半分になります。π結合を構成する電子、π電子はp軌道に1個ずつ入っていますから、シクロブタジエンのπ電子は4個ということになります。

A)

4π
シクロブタジエン（平面形）

B)

6π
ベンゼン（平面形）

C)

10π
ナフタレン

D)

8π
シクロオクタテトラエン

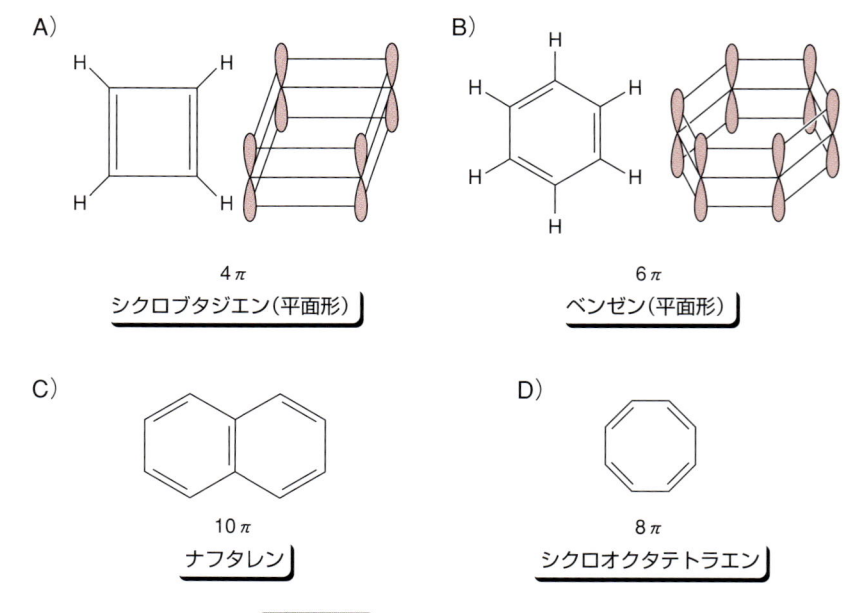

図5-5　環状共役化合物の例

B）ベンゼン

ベンゼンは芳香族化合物の代表です。その結合の様子を図 5-5B に示しました。説明すべきことはシクロブタジエンの場合と同じです。ベンゼンのπ電子は 6 個です。

2 芳香族化合物

シクロブタジエンもベンゼンもともに環状共役化合物です。そして、π結合 1 本に使う p 軌道の個数も同じです。それでは、両者ともに芳香族か、というと、これがとんでもない話なのです。ベンゼンは典型的な芳香族であり、非常に安定な化合物ですが、シクロブタジエンは典型的な"反"芳香族で非常に不安定な化合物なのです。

なぜこのような違いが出るのかについては次章でみることにしますが、とにかく、芳香族の定義は次のようなものです。

"環状共役化合物で環内に（4n + 2）個のπ電子をもつものは芳香族である"

n は正の整数です。これを、発見した人の名前をとってヒュッケル則といいます。ベンゼンは 6 πですから n = 1 に相当します。ナフタレンは 5 個の二重結合があり、π電子は 10 個ですから n = 2 に相当し、やはり芳香族です。

それに対してシクロブタジエンは 4 個であり、二重結合を 4 個もつシクロオクタテトラエンは 8 個なので芳香族ではないのです。それどころか反芳香族となって特別の不安定性を獲得してしまうのです。

3 分子の安定性

芳香族の安定性という話題が出たついでに、化合物の安定性についてみておきましょう。安定性を考えるより、不安定性を考えたほうがわかりやすいでしょう。化合物の不安定性には 2 通りあります。

1 つはエネルギー的な不安定性であり、これを熱力学的不安定性といいます。もう 1 つは反応面からみた不安定性であり、これを反応速度論的不安定性といいます（図 5-6）。どう違うのでしょう？

A）熱力学的安定性

エネルギー的に不安定な化合物は、その結合状態を維持できない化合物です。したがって、直ちに分解

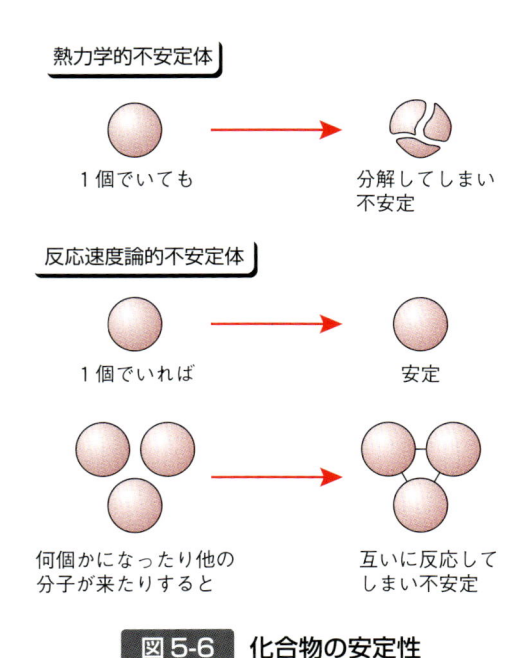

熱力学的不安定体

1 個でいても → 分解してしまい不安定

反応速度論的不安定体

1 個でいれば → 安定

何個かになったり他の分子が来たりすると → 互いに反応してしまい不安定

図 5-6 化合物の安定性

して他の化合物に変化してしまいます。

　例えば、塩化ベンゼンからHClを脱離して三重結合にしたベンザインがこの例に挙げられるでしょう（図5-7）。三重結合は4原子が一直線に並ぶことを要求します。ベンゼンは6員環です。6個の原子のうち4個を直線状に並べたのでは6員環は成り立ちません。そのため、ベンザインは反応してベンゼン系になることができなければ、壊れてしまいます。

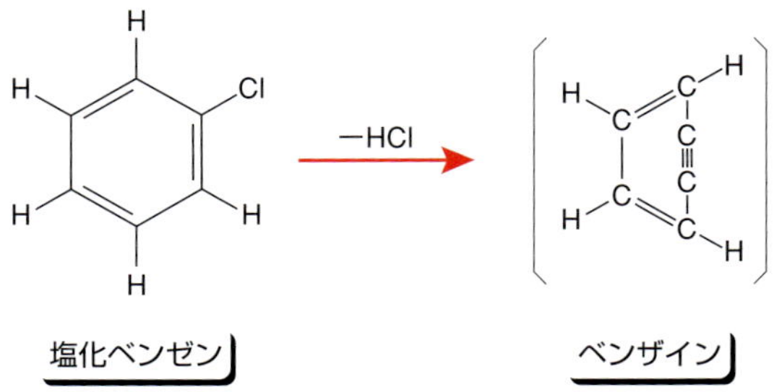

図5-7 熱力学的不安定体の例

B）反応速度論的安定性

　反応速度論的に不安定な化合物は、結合状態としては安定なのです。したがって、だれもちょっかいを出さなければそのままの構造をいつまでも維持します。しかし、隣に反応の対象になる分子が来るとじっとしていられず、ちょっかいを出して反応し、他の化合物に変化してしまうのです。

　シクロブタジエンはその典型例です。この分子は、反応性は激しいのですが、それ自身としては安定です（6章7節参照）。ですから、シクロブタジエンは、非常に希薄な溶液中なら安定に存在できます。しかし、単離しようとして濃縮すると互いの距離が近くなり、自分たち同士で反応して二量体、三量体、さらには高分子化してタールになってしまうというわけです。

　芳香族化合物はどちらの意味でも安定な化合物なのです。

3. C＝X 結合の構造
―意外と複雑な二酸化炭素の結合

> 前節までは炭素同士の二重結合をみてきました。ここでは炭素以外の原子が関与する二重結合の様子をみてみましょう。バイオ関係の分子をみても、C＝O、C＝N 結合はオンパレードと思います。このような結合はどのようにしてできているのでしょう。

1 C＝O 結合

C＝O 二重結合を構成する炭素は sp^2 混成です。酸素は sp^2 混成の場合と、混成しない基底状態の場合がありますが、ここでは、他の置換基を説明するうえでの連続性から、基底状態モデルを紹介しましょう。

基底状態酸素で結合に使うことのできるのは 2 個の p 軌道、p_x と p_z 軌道です。酸素が p_x 軌道で炭素と σ 結合し、p_z 軌道で π 結合すれば C＝O 二重結合はできあがりとなります。図 5-8 からわかるように、酸素原子には p_y 軌道と s 軌道に非共有電子対が入ります。図には p_y 軌道のものだけを示しておきました。

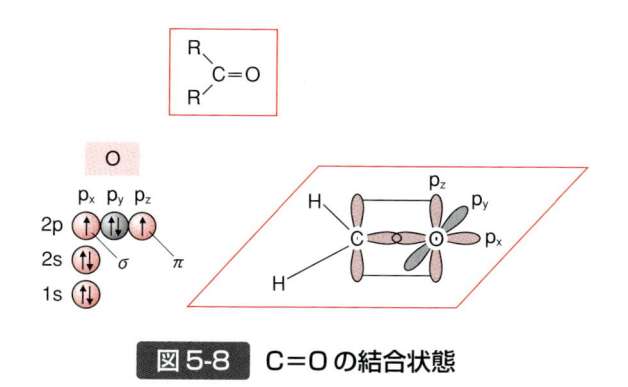

図 5-8 C＝O の結合状態

2 ケト・エノール互変異性

C＝O 結合が関与する現象にケト・エノール互変異性という現象があるので、ここでみておきましょう。

図 5-9 の分子 A は C＝O 二重結合をもっており、一般にケト型といわれます。一方、分子 B は二重結合にヒドロキシ基 OH がついたアルコールであり、一般にエノール型といわれます。

ところで、AとBは、分子式は等しく、構造式が異なるので互いに異性体です。水素が移動しているだけです。ところが、AとBはしょっちゅう入れ替わっているのです。すなわち、ある瞬間Aでいると、次の瞬間にはBになり、また次の瞬間には…というわけです。このような変化をケト・エノール互変異性といいます。アセトアルデヒド（ケト型）はビニルアルコール（エノール型）と互変異性の関係にあります。

しかし、一般にケト型のほうが安定なため、平衡は完全にケト型のほうに偏っていますので、エノール型が検出されることはめったにありません。しかし、フェノール（エノール型）はベンゼン環の安定性のために、もっぱらエノール型であり、ケト型になることは全くありません。

なお、DNAの塩基にもケト型とエノール型が存在します。詳しくは本章4節で取り上げます。

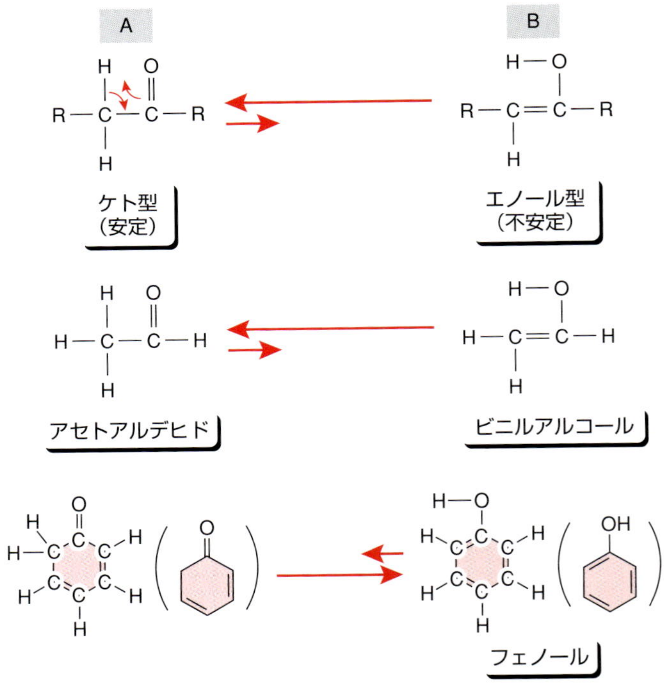

図5-9 ケト・エノール互変異性
図中の小矢印 → は電子対の移動を示す

3 O=C=O 結合

炭素が酸化されると一酸化炭素COか二酸化炭素CO_2になります。CO_2は呼吸作用の最終生成物であり、地球温暖化の原因物質でもあります。

CO_2の特徴は二重結合が連続していることです。少なくとも本書では初めて出てき

た結合です。ここまでに出てきた二重結合を構成する原子はすべて sp^2 混成でした。しかし、CO_2 の炭素は違います。sp 混成なのです。ちなみに酸素は基底状態です。

sp 混成炭素の電子配置は先にアセチレンの結合で出てきたとおりです（4章6節参照）。問題は結合に関与できる p 軌道です。図 5-10 から明らかなとおり、p_y、p_z 軌道の2個があります。中央炭素の作る2本のπ結合はこの p_y と p_z 軌道のどちらかを用いて作ることになります。

左のπ結合が p_z 軌道を利用したとしましょう。すると右のπ結合は p_y 軌道を利用せざるを得ないことになります。この結果、左右のπ結合は互いに90°ねじれることになります。これが CO_2 の二重結合の特殊な性質です（しかし、CO_2 の結合の特殊性は、本当はこれだけではありません。それは後にみることにしましょう。p.103 コラム参照）。

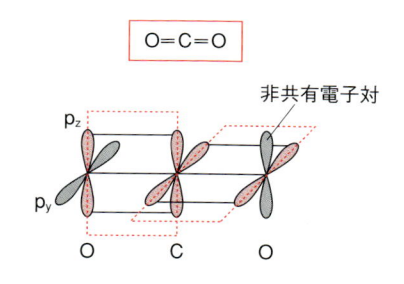

図 5-10 O＝C＝O の結合状態

4 C＝N 結合

C＝N 二重結合の窒素は sp^2 混成です。sp^2 混成状態の窒素の電子配置は図 5-11 に示したとおりです。3個の混成軌道のうち1個に非共有電子対が入ります。したがって結合に使うことのできる軌道は混成軌道2個と p_z 軌道になります。

結合の様子は図 5-11 中央に示したとおりです。問題は窒素に結合した置換基 Z の位置です。この原子団が炭素上の置換基 X、Y のどちらに近いかによって2つの異性体が生じます。これは C＝C 二重結合におけるシス・トランス異性と同じ性質のものであり、シン・アンチ異性といわれます。

しかしこの異性はシス・トランス異性ほど強いものではなく、シン・アンチの異性化（逆転）に伴う活性化エネルギーは低いので、置換基 X、Y、Z の組み合わせによっては室温でも異性化（逆転）が起こります。このような異性現象があることを心にインプットしておくことは、後に未知現象に立ち向かう際の力強い武器になるものと思います。

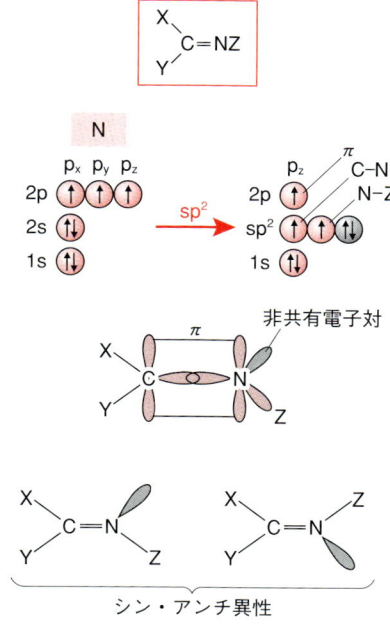

図 5-11 C＝N の結合状態とシン・アンチ異性

第Ⅱ部　5章　不飽和結合—共役系が司る分子の性質

4. ヘテロ芳香族化合物
—DNAの塩基を作るもの

前節で芳香族化合物の結合状態と安定性についてみました。しかし芳香族化合物は炭素と水素だけからできたものに限られるものではありません。C、H以外の原子を含んだ芳香族を特にヘテロ芳香族化合物といいます。

1 ピリジン

芳香族という言葉から思い浮かべるものは芳香〔芳しい（良い）香り〕をもった化合物でしょう。これはとんでもない錯覚です。このような幻想を打ち砕く最適な化合物がピリジン C_5H_5N です。キリットした、ニガミバシッタ？ 悪臭です。

ピリジンの窒素は sp^2 混成であり、その電子配置と、その電子配置による結合様式は図5-12のとおりです。非共有電子対は混成軌道に入りますから、炭素の結合した水素と同じ位置に出ます。

窒素の不対電子の入った p_z 軌道は、炭素上の5個の p_z 軌道と平行になります。すなわち窒素のp軌道は5個の炭素のp軌道と一緒になって、6個の原子からなる非局在π結合を構成するのです。この結果、窒素を含んだ6個の原子からなる共役系のπ電子は合計6個となります。

すなわちピリジンの環状共役系は6π電子系の芳香族なのです。

図5-12　ピリジンの結合状態

2 ピロール

ピロール C_4H_5N は4個の sp^2 混成炭素と1個の窒素からなる5員環化合物です。しかし、ピロールはただものではありません。芳香族なのです。なぜでしょう？

ピロールの窒素原子はピリジンの窒素と同じように sp^2 混成です。しかし電子配置が異なります。すなわち、非共有電子対がp軌道に入っているのです。その結果、結合状態は図5-13のようになります。ピリジンでは非共有電子対の入っていた環外 sp^2 混成軌道には水素原子が結合します。その代わり、ピリジンでは不対電子が入っていた p_z 軌道には2個の非共有電子対が入ります。

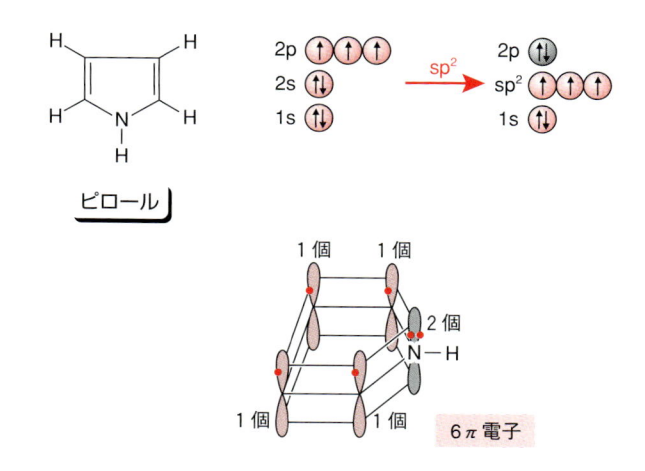

図5-13 ピロールの結合状態

A) ピロールの芳香族性

この結果、ピロールでは5個の環構成原子のすべてが sp^2 混成であり、5個のp軌道が平行に連なって環状共役系を構成します。そしてπ電子数は4個の炭素に各々1個、窒素のp軌道に非共有電子対の2個、合計6個となります。すなわちピロールは5員環ですが6π電子の芳香族なのです。

B) ピロールの極性構造

ピロールは6π電子による芳香族ですが、その裏に事情があります。それは芳香族性獲得のために果たした寄与に、5個の環構成原子の間で大きな差があるということです。

すなわち、ピロールでは5個の原子の間に6個のπ電子がバラまかれています。平均すると原子1個あたり6/5個です。中性の sp^2 混成炭素は1個のπ電子をもっているのですから、この状態は1/5だけ電子が多い状態であり、形式的な電荷は－1/5となります。それに対して中性の窒素は非共有電子対として2個の電子をもっていますの

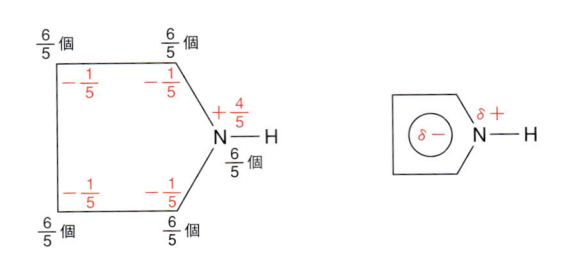

図5-14 ピロールの極性構造

で、この状態は4/5だけ電子が少ない状態であり、電荷は+4/5となります（図5-14）。すなわちピロールは窒素がプラス、炭素がマイナスに荷電した極性分子なのです。

3 DNA塩基

ヘテロ芳香族化合物はDNAにも含まれています。DNAを構成する4種の塩基のうち、シトシンとチミンは6員環構造です。その構造を図5-15に示しました。いずれもケト型とエノール型が存在し、ケト・エノール互変異性の可能性があります。しかし、チミンについてはDNAに組み込まれているときにとる構造は、○をつけたケト型であることが知られています。

○：DNAに組み込まれるときの構造

図5-15 DNAの塩基の構造

この理由は、二重らせん構造における A–T の組み合わせによる水素結合の形成です。水素結合によって安定化できるケト型が、DNA においては総合的な見地から安定になるのです。シトシンは 2 つのエノール型がありますが、DNA では○をつけたほうの構造をとります。

　グアニン、アデニンは 6 員環と 5 員環が縮合したものです。この 5 員環部分はピロールと類似の構造であり、芳香族です。したがってアデニンは、5 員環、6 員環部分とも芳香族であり、安定な骨格となっています。

　それに対してグアニンはケト型が安定となっていますが、これも水素結合の形成によって説明されます。

■ O＝C＝O 結合の一歩進んだ解釈 *Column*

　二酸化炭素 CO_2 の結合状態は先にみたとおりですが、ピロールの結合状態を参考にすると、もう少し進んだ見方ができます。

　すなわち、CO_2 の左の結合 O_A＝C 結合を構成する π 結合と平行な p 軌道が O_B に存在するのです。それは O_B の非共有電子対です。この結果、O_A－C－O_B の間に非局在 π 結合が広がることになります。同じことが右の C＝O_B π 結合にもいえます。そしてこれらの長い 4 本の π 電子雲は、アセチレンの場合と同様に互いに融合して長い円筒形の電子雲を形作ることになるのです。

　なお、π 結合による電荷は C が δ−、O が δ＋になりますが、CO_2 そのものの極性は電気陰性度の関係で C が δ＋、O が δ− になります。混乱しないようにしましょう。

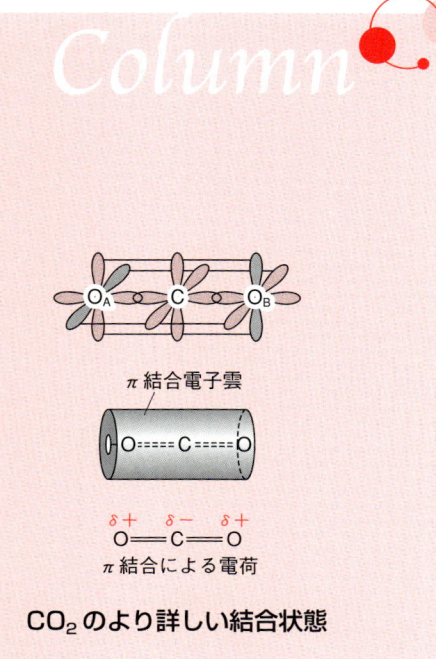

π 結合電子雲

δ＋　δ−　δ＋
π 結合による電荷

CO_2 のより詳しい結合状態

第Ⅱ部　5章　不飽和結合——共役系が司る分子の性質

5. 置換基からみた分子の性質
——OH基が酸になるとき

有機化合物には多くの置換基があります。その種類は図5-16に示したとおりです。置換基のうち、二重結合を含むものと、C、H以外の原子を含むものとを官能基といいます。官能基は固有の結合様式と性質をもち、それが有機化合物に特有の性質を与えています。ここで主な置換基の結合様式とその結果現れる物性をみてゆくことにしましょう。

	置換基	名称	一般式	一般名	例	
アルキル基	$-CH_3$	メチル基			CH_3-OH	メタノール
	$-CH_2CH_3$	エチル基			CH_3-CH_2-OH	エタノール
	$-CH(CH_3)_2$	イソプロピル基			$(CH_3)_2CH-OH$	イソプロピルアルコール
官能基	$-C_6H_5$ *	フェニル基	$R-C_6H_5$	芳香族	$CH_3-C_6H_5$	トルエン
	$-CH=CH_2$	ビニル基	$R-CH=CH_2$	ビニル化合物	$CH_3-CH=CH_2$	プロピレン
	$-OH$	ヒドロキシ基	$R-OH$	アルコール	CH_3-OH	メタノール
				フェノール	C_6H_5-OH	フェノール
	$>C=O$	カルボニル基	$RR'C=O$	ケトン	$(CH_3)_2C=O$	アセトン
	$-CHO$	ホルミル基	$R-CHO$	アルデヒド	CH_3-CHO	アセトアルデヒド
	$-COOH$ **	カルボキシル基	$R-COOH$	カルボン酸	CH_3-COOH	酢酸
	$-NH_2$	アミノ基	$R-NH_2$	アミン	CH_3-NH_2	メチルアミン
	$-NO_2$	ニトロ基	$R-NO_2$	ニトロ化合物	CH_3-NO_2	ニトロメタン
	$-CN$	ニトリル基（シアノ基）	$R-CN$	ニトリル化合物	CH_3-CN	アセトニトリル

＊フェニル基は$-C_6H_5$で表されることも多い。この場合、トルエンは$CH_3-C_6H_5$となる
＊＊IUPAC1993年勧告ではカルボキシ基（carboxy group）を使う

図5-16　置換基一覧

1 ヒドロキシ基 OH

　ヒドロキシ基をもつ化合物を一般にアルコールといいます。ヒドロキシ基の結合状態は4章7節でみたとおりです。基本的に水と同じですのでOHのHがH$^+$として外れることはありません。ですからアルコールは中性です（図5-17）。

　しかしフェノールの場合は異なります。フェノールのHはH$^+$として外れるので、フェノールは酸性です。なぜでしょう。

　フェノールのOは基底状態で結合しています。この結果、非共有電子対の入ったp$_z$軌道がフェニル基の共役系と共役することができることになります（図5-18）。このことはピロールの場合と同様に、Oの非共有電子対の電子がベンゼン環にバラまかれることを意味します。したがってOは電子不足になってプラスに荷電します。このことはOH結合の電子雲がOに引かれ、Hがプラスに荷電していることを意味します。このような理由によってフェノールのHはH$^+$として外れやすいのです。

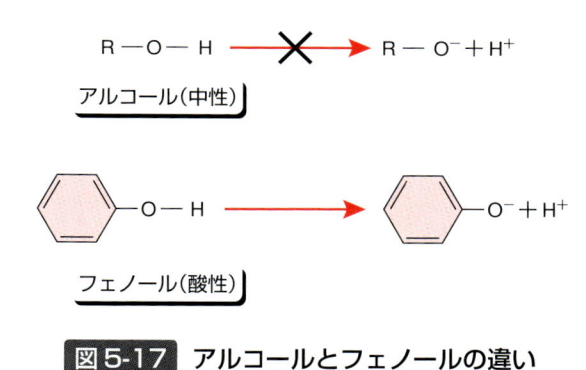

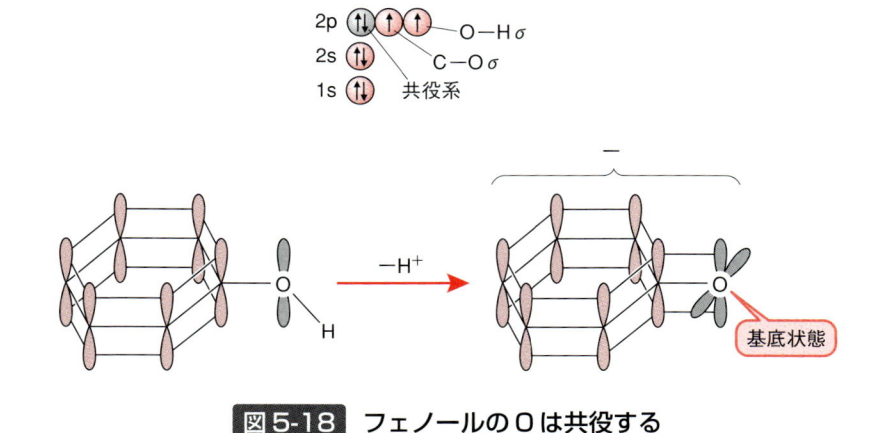

図5-17 アルコールとフェノールの違い

図5-18 フェノールのOは共役する

2 ニトリル基 CN

ニトリル基はCとNとの間の三重結合なので、アセチレンの結合と同じように考えることができます。つまりCもNもsp混成です。Nの非共有電子対は混成軌道に入ります（図5-19）。

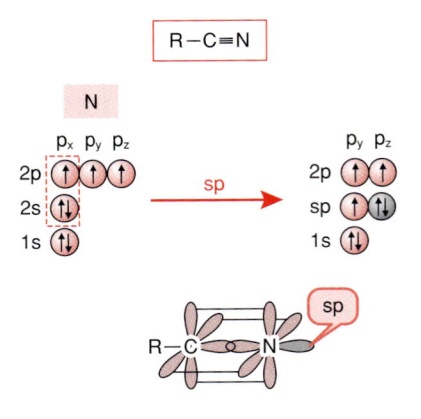

図5-19 ニトリル基の結合状態

3 ニトロ基 NO_2

ニトロ基の結合状態はわかりにくいです。理由はその表記法にあります。2個の酸素原子の片方は二重結合であり、もう片方はマイナスになっています。そして窒素はプラスになっています（図5-20）。このような表記法を理解しろと言うほうが無理というものです。

ニトロ基の結合状態は表記法ほど変なものではありません。ニトロ基の窒素はsp²混成です。非共有電子対はp_z軌道に入っています。一方、酸素原子は基底状態で、2個のp軌道に不対電子をもっています。この2個のp軌道のうち1個はN-O σ結

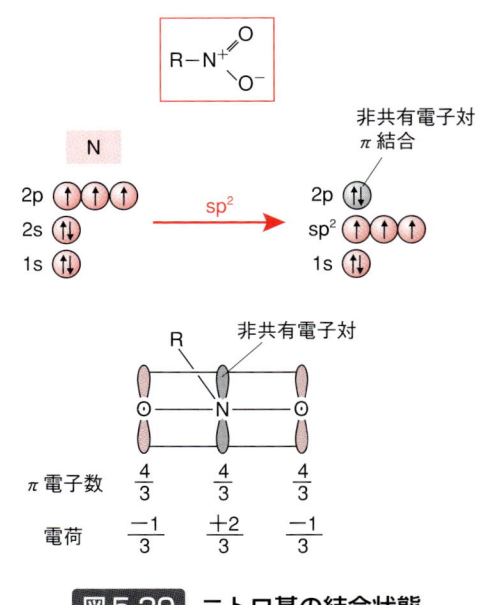

π電子数　$\frac{4}{3}$　$\frac{4}{3}$　$\frac{4}{3}$

電荷　$\frac{-1}{3}$　$\frac{+2}{3}$　$\frac{-1}{3}$

図5-20 ニトロ基の結合状態

合を作り、もう1個はN−Oπ結合を作ります。

　この結果、ニトロ基のO−N−Oの3原子上には3個のp軌道が並んで非局在系を形成することになります。そしてπ電子は窒素原子の2個と、各酸素の1個ずつの合計4個となります。

　この結果、4個のπ電子が3個の原子上にバラまかれることになりますから、単純計算で各原子上には4/3個ずつ存在することになります。この結果、先にピロールでみたことと同じことになり、酸素は−1/3に荷電し、窒素は+2/3に荷電することになります。どうですか。合理的な結合でしょう。

4 カルボキシル基 COOH

　カルボキシル基はカルボニル基C=Oとヒドロキシ基OHが結合した複合的な置換基と考えることができます。カルボキシル基の一番の特徴はH$^+$を放出して、カルボキシル陰イオンCO_2^-になることです。ここではカルボキシル基とカルボキシル陰イオンの両方の結合をみてみましょう。

A) カルボキシル基の結合

　C=O部分は本章3節でみたとおりであり、O−H部分はフェノールと同様に基底状態で結合しています。この結果、図5-21 に示したようにC=Oのπ結合とヒドロキシ基のOが共役することになります。この関係は上でみたニトロ基の場合と全く同様です。

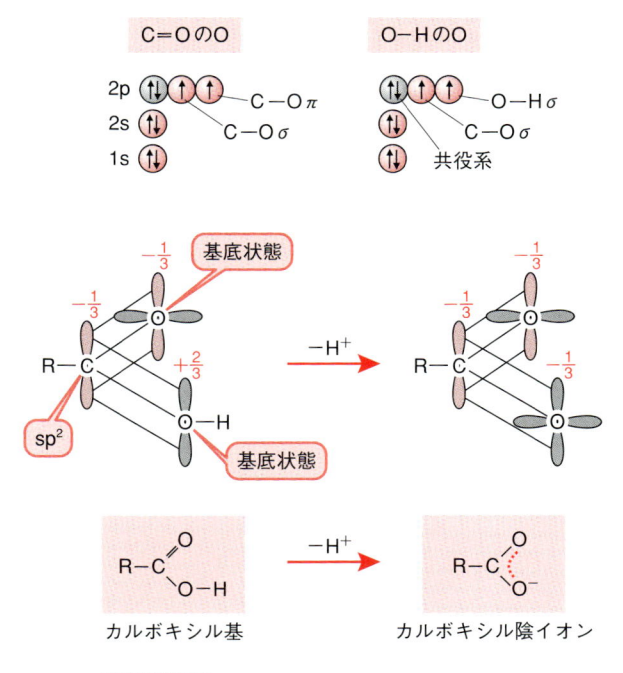

図5-21 カルボキシル基の結合状態

この結果、共役する3原子上に4電子がバラまかれることになるので、OHの酸素原子は＋2/3に荷電することになります。このため、フェノールの場合と同様にO−H結合を形成する酸素上の電子が少なくなるのでO−H結合が弱くなり、HがH$^+$となって脱離しやすくなるのです。

B）カルボキシル陰イオンの結合

カルボキシル基からH$^+$が外れたカルボキシル陰イオンの結合状態は図5-21右のようになります。すなわち、H$^+$が外れることによってヒドロキシ酸素上に残った−1価がもともとあった＋2/3の電荷を中和して−1/3にするのです。この結果、2個の酸素原子は平等に−1/3に荷電することになります。すなわち、2個の酸素には何の違いもなくなるのです。

したがって、結果的にマイナス電荷を3原子が平等に担ぐことになります。このように共役系のおかげで、酸素原子上のマイナス電荷が3原子の上に分散することによって、系が安定化するのです。

つまり、カルボキシル基においてはO−H結合が切れやすく、生じたカルボキシル陰イオンが安定化されるという、二重の理由によってカルボキシル基はH$^+$を放出しやすくなっているのです。

5 アミド基 CON

アミド基はカルボキシル基と同様に、カルボニル基C=Oとアミノ基NH$_2$が組み合わさった置換基と考えることができます。

A）アミド基の結合

アミド基で問題になるのはアミノ基の部分です。アミノ基の窒素は、前章ではsp^{3}混成として紹介しましたが、ここではsp^{2}混成になっています。それは、sp^{2}混成となることによってできたp$_z$軌道がC=O π結合と共役することができるからです。sp^{2}窒素の電子配置はピリジンと同様であり、非共有電子対はp軌道に入ります。

結合の様子は図5-22上のようになります。すなわち、ここでもO−C−Nという3原子の上に3個のp軌道が並び、共役系が構成されるのです。この結果、C−N結合は単結合ではなく、共役二重結合の一部ということになります。そして3原子上に4電子が分散することによって、分子に極性が生じます。

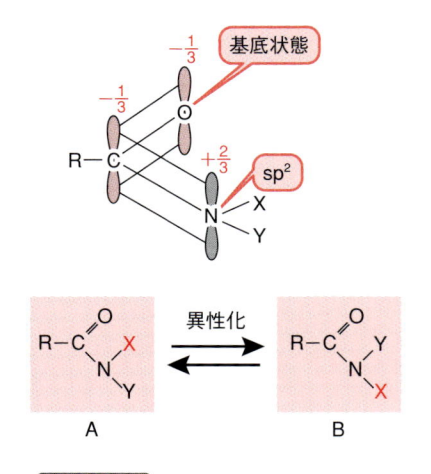

図5-22 アミド基の結合状態

B）結合回転

　この結果、アミド基には重要な問題が生じます。それはC–N結合が二重結合性を帯びることによって、結合回転ができなくなるということです。そのため、窒素上の置換基Xとカルボニル基の位置関係によって2つの異性体A、Bが生じることになります（図5-22下）。しかしこの異性体のエネルギー差は小さいので、一般にAとBを分離することはできません。

　バイオではペプチド結合がよく出てきますが、ペプチド結合はアミド結合と同じものです。したがって、基本的にアミド結合の性質をもっているものと考えられます。

第Ⅱ部　5章　不飽和結合—共役系が司る分子の性質

6. 置換基効果
—電子の動きが生まれるしくみ

　置換基が分子に与える効果を置換基効果といいます。アルキル基の置換基効果は主に立体的なものに限定されますが、官能基は分子に電気的、電子的な影響を与えます。置換基効果のうち、電気的なものは誘起効果と共鳴効果に分けて考えることができます。
　置換基はこの2つの効果を通じて分子に電子を供与したり、求引したりします。分子に電子を供与する置換基を電子供与性置換基、電子を求引する置換基を電子求引性置換基といいます。

1 誘起効果

　誘起効果は原子の電気陰性度に基づく効果です。炭素鎖の端に電気陰性度の大きい原子、例えば塩素（電気陰性度 = 3.0）がつくと、C_1-Cl結合の結合電子雲はClのほうに引かれます。この結果、Clはマイナスに荷電し、C_1はプラスに荷電します。これを誘起効果（inductive effect：I効果）といいます。

A) 減衰効果

　誘起効果によってC_1がプラスになるとC_2の電子がC_1に引かれ、C_2もプラスになります。このようにして誘起効果は次々と炭素鎖を伝播してゆきます。しかし、その効果はだんだん小さくなり、一般にσ結合1本を介するごとに1/3になるといわれています。これを減衰効果といいます（図5-23）。

　カルボン酸に塩素が結合すると塩素の誘起効果によってOH結合の電子雲が少なくなり、HがH$^+$として外れやすくなります。そのため酸としての性質が強くなり、pKa（酸解離定数）が小さくなります。図5-23の表は、Clの位置を変えた場合のpKaの変化です。Clがカルボキシル基から離れると効果が小さくなっていくことがよくわかります。

B) ヘテロ二重結合

　炭素、水素以外の原子をヘテロ原子と呼ぶことがあります。C=C二重結合以外の二重結合をヘテロ二重結合と呼

$$\overset{\delta+}{\underset{4}{C}}-\overset{\delta+}{\underset{3}{C}}-\overset{\delta+}{\underset{2}{C}}-\overset{\delta+}{\underset{1}{C}}-\overset{\delta-}{X}$$

$$\frac{1}{9} \rightarrow \frac{1}{3} \rightarrow 1 \rightarrow 置換基$$

構造	pKa
CH$_3$—CH$_2$—CH—CO$_2$H 　　　　　　　｜ 　　　　　　　Cl	3.85
CH$_3$—CH—CH$_2$—CO$_2$H 　　　｜ 　　　Cl	4.02
CH$_2$—CH$_2$—CH$_2$—CO$_2$H ｜ Cl	4.52

（強酸↑）

図5-23　誘起効果と減衰効果

ぶことがあります。電気陰性度の大きい原子が結合電子を引きつけるのはσ結合だけではありません。π結合の場合も同様です。したがってC＝O結合やC＝N結合ではCがプラスに、OやNがマイナスに荷電します。このような置換基が二重結合に結合すると、二重結合のπ電子を電気陰性度の大きい原子が引き寄せてしまいます。この結果、共役系の端の部分がプラスに荷電することになります（図5-24）。

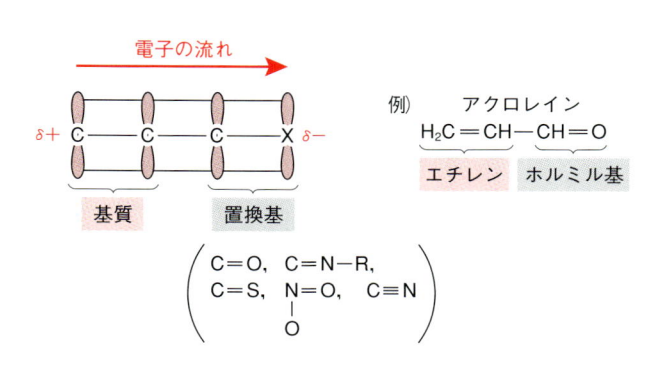

図5-24 電気陰性度のπ結合への影響

2 共鳴効果

置換基のもつ非共有電子対による効果を共鳴効果（mesomery effect：M効果）といいます。Clは誘起効果では電子求引性ですが、共鳴効果では反対に電子供与性となります。

A) 二重結合と共鳴効果

二重結合に塩素が結合した系をみてみましょう。塩素には非共有電子対が入ったp軌道があり、これが二重結合のp軌道と共役します。この結果、また3原子上に4電子の問題が起こり、炭素系がマイナスに、Clがプラスに荷電します（図5-25）。これはClが二重結合に電子を送り込んだ置換基効果によるものであると考えることができ、このような置換基効果を共鳴効果というのです。

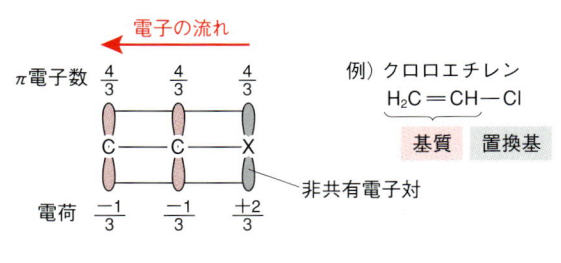

図5-25 共鳴効果

B）誘起効果と共鳴効果

上でみたように塩素の効果はI効果とM効果で逆に効いています。それでは、正味の効果はどうなるのでしょう。それを表したのが図5-26です。すなわち、単結合についた場合にはI効果だけであり、分極が大きいので結合モーメントも大きくなっています。結合モーメントは部分電荷δと電荷間距離rの積です（図5-27）。したがってrがほぼ等しいときには電荷の大きさδを反映することになります。

一方で、二重結合の場合にはM効果が反対に働くので、分極は一部相殺されて小さくなってしまうのです。三重結合ではM効果が2倍に効くので、分極は大きく相殺されてほとんど0になっています。

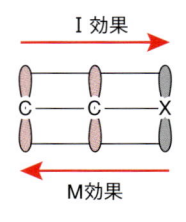

		CH_3-CH_2-X	$CH_2=CH-X$	$CH\equiv C-X$
X	Cl	2.05D	1.44D	0.44D
	Br	2.02D	1.41D	0.00D
	I	1.90D	1.26D	
効果		→ I	→ I ← M	→ I ← M ← M

図5-26 I効果に対するM効果の影響
D（デバイ）：結合モーメントを表す単位

結合モーメント＝$\delta \times r$

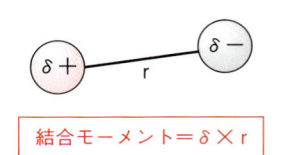

図5-27 結合モーメント

第Ⅱ部　化学結合でみえてくる分子の性質

6章

分子軌道法
──化学結合を定量化する

　ここまで結合の基本的な様式をみてきました。しかし、ここまでにみてきたのは結合の定性的な面だけです。結合の定量的な面は未だみていません。
　結合の定量的な面とは何でしょう？　それには結合の強弱があります。エチレンのπ結合とブタジエンのπ結合とではどちらがどれだけ強いのでしょう？　あるいは、分子を陽イオンにしたら、電荷の分布はどれだけ変わるのでしょう？　ブタジエンを陽イオンにしたら、4個の炭素は等しく＋1/4に荷電するのでしょうか？
　このような量に関する質問には、今までの考え方では何ら答えることはできません。このような問いに明確な答えを出すことのできる理論があります。それが分子軌道法といわれる理論です。
　しかし分子軌道法は量子化学を基礎とした精密な理論であり、その本質は数式で明らかにされます。しかし、バイオ研究をやるためにそのような数式的な正確な知識が必要というわけでもありません。ここではバイオ研究をやる方に向けて、数式を用いないで分子軌道法のエッセンスをご紹介しようと思います。

第Ⅱ部　6章　分子軌道法——化学結合を定量化する

1. 軌道は関数で表される

> 分子軌道法は、共有結合を解釈するために作り出された理論体系です。共有結合でできた分子で最も簡単なのは水素分子ですので、水素分子からみてゆくことにしましょう。

1 軌道関数

3章3節でみたように、水素分子は2個の水素原子がその原子軌道（1s軌道）を重ねることによってでき、その際生じた新しい軌道を分子軌道といいました。

量子化学によれば、軌道は数式、関数で表され、それを軌道関数といいます。1s軌道も、分子軌道もすべて関数で表されます。そこで、原子軌道関数にϕ（ファイ）、分子軌道関数にψ（プサイ）というギリシア文字をあてることにします。見慣れない記号でしょうが、多くの本で用いられている記号ですので、諦めて慣れてください。水素原子は2個ありますので、各々をH_1、H_2とし、その軌道関数をϕ_1、ϕ_2とします（図6-1）。

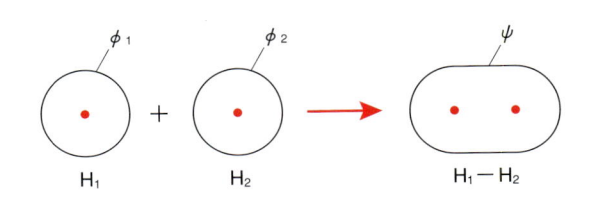

図6-1　水素の軌道関数

2 分子軌道法とは

量子化学によれば、分子のエネルギーEはシュレディンガー方程式と呼ばれる式（図6-2）を解くことによって求められることになっています。ここで、Hはハミルトン演算子と呼ばれる、演算子です。演算子とは微分や積分の記号のようなもので、計算のやり方を指定するオペレーターです。

量子化学によれば、水素原子の原子軌道関数ϕは正確に求めることができ、それはどんな初歩的な量子化学の本にでも書いてあります。しかし、分子軌道関数ψは数学的な原則によって、正確な解を求めることが不可能であることがわかっています。

分子軌道法の方法論は、分子軌道関数ψを原子軌道関数ϕを使って近似的に表すことによって、分子の性質を明らかにしようというものです。すなわち、近似計算法の一種に過ぎないのです。"法"というほど大それたものでもないのかもしれません。

$$H\psi = E\psi$$

H：ハミルトン演算子
E：エネルギー
ψ：軌道関数

図6-2　シュレディンガー方程式

第Ⅱ部　6章　分子軌道法──化学結合を定量化する

2. 反結合性軌道とは
──分子軌道法のカナメ

> 分子軌道法の最も重要で最も優れた点は、反結合性軌道というものを考案したことです。反結合性軌道とはどのようなものでしょう？

1 原子の接近に伴うエネルギー変化

図6-3は2個の水素原子を近づけていったときの電子のエネルギー変化を表したものです。横軸は原子間距離で、縦軸はエネルギーです。水素原子のエネルギーを基準、α（アルファ）にしてあります。αはクーロン積分と呼ばれ、一般に原子軌道のエネルギーを表すときに使われます。

1章2節でみたように、原子や分子ではエネルギーをマイナスに測る約束になっていますので、αも符号はマイナスになっています。

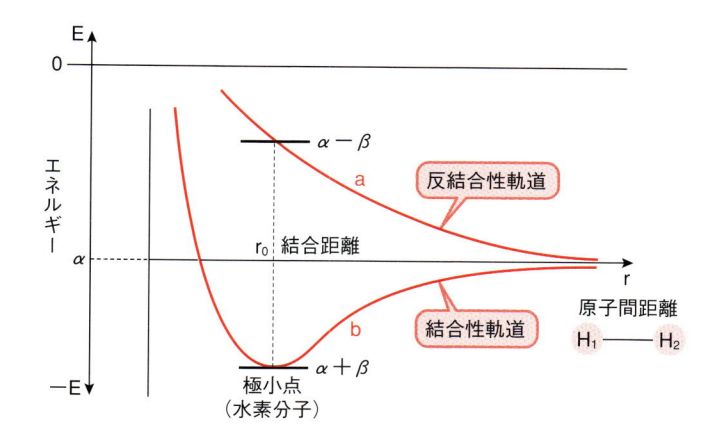

図6-3 2つの原子を近づけたときの電子のエネルギー変化

2 結合性軌道

図6-3には2本の曲線がありますが、下の曲線bに着目してください。原子が近づくと分子を作ろうという静電引力が働くので、系のエネルギーは低下します。しかし、近づきすぎると今度は原子核の間の反発力が効いてきて、エネルギーは上昇します。この結果、曲線には極小点が生じます。

この状態が分子なのです。したがってこのときの原子間距離r_0は結合距離であり、このときのエネルギー$\alpha + \beta$は分子を構成する結合電子1個のエネルギーになります。なお、β（ベータ）は共鳴積分といわれる値で、符号はマイナスになっています。

このように、曲線 b は 2 個の原子が結合して分子を与える動きに対応していますので、結合性軌道（bonding orbital）といわれます。

3 反結合性軌道

今度は図 6-3 の曲線 a を見てください。この曲線は原子が近づくとトットコトットコと上昇して、際限なく高エネルギーになり、不安定化してゆきます。分子を作ろうなどという気はサラサラありません。そこでこの軌道を反結合性軌道（antibonding orbital）といいます。

反結合性軌道は分子の結合エネルギー、スペクトル、さらには反応性に非常に大きな役割を演じているのです。その意味で分子軌道法の最大の功績は反結合性軌道の導入であるといってもよいでしょう。そのことについては次節以後でみてゆくことにしましょう。

4 軌道エネルギーと軌道関数

図 6-4 は結合距離における結合性軌道と反結合性軌道のエネルギーを取り出したものです。このようなエネルギーを軌道エネルギー、このような図を軌道エネルギー準位図といいます。

脇にそれぞれの分子軌道関数を書いておきました。結合性軌道の関数は原子軌道関数の和になっており、反結合性軌道の関数は差になっています。原子軌道の係数の $\frac{1}{\sqrt{2}}$ は分子の性質や反応性を考えるときには非常に重要な要素になりますが、それに関してはより進んだ本に任せましょう。

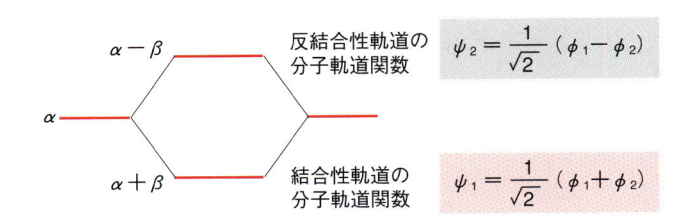

$\alpha - \beta$ 　反結合性軌道の分子軌道関数　$\psi_2 = \frac{1}{\sqrt{2}}(\phi_1 - \phi_2)$

α

$\alpha + \beta$ 　結合性軌道の分子軌道関数　$\psi_1 = \frac{1}{\sqrt{2}}(\phi_1 + \phi_2)$

図 6-4　軌道エネルギー準位図

第Ⅱ部　6章　分子軌道法──化学結合を定量化する

3. 結合エネルギーは定量化できる

前節で反結合性軌道や軌道エネルギー準位図についてみました。これらが一体何に役立つのかというと、軌道エネルギー準位図を用いると、分子の結合エネルギーを簡単に求めることができます。

1 水素分子の結合エネルギー

分子のエネルギーを求めるには、分子の電子配置を決める必要があります。電子が分子軌道に入るときの約束は、原子軌道に関するものと全く同じです。

A) 水素分子

水素分子は2個の電子をもっています。この電子はエネルギーの低い軌道、すなわち結合性軌道にスピンを反対にし、電子対を作って入ります（図6-5 上）。

この結果、分子状態の電子のエネルギーは$2\alpha+2\beta$となります。一方、原子状態の電子のエネルギーはαですから、2個分で2αとなります。両者の差2βは原子が

H_2

結合後	$2\alpha+2\beta$
－）結合前	2α
結合エネルギー	$=2\beta$

H_2^+

結合後	$\alpha+\beta$
－）結合前	α
結合エネルギー	$=\beta$

H_2^-

結合後	$2(\alpha+\beta)+(\alpha-\beta)$
	$=3\alpha+\beta$
－）結合前	3α
結合エネルギー	$=\beta$

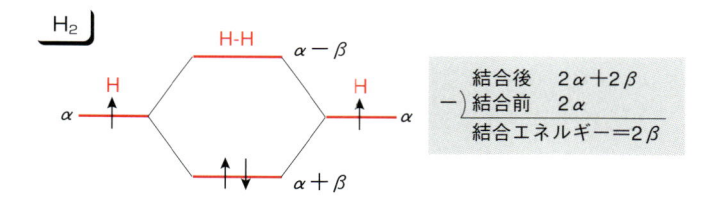

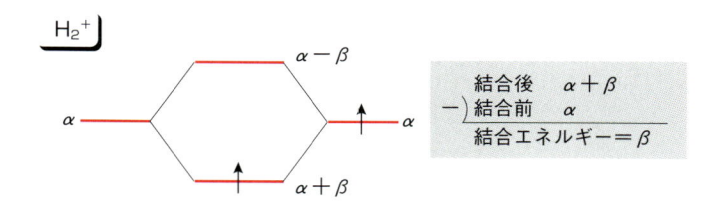

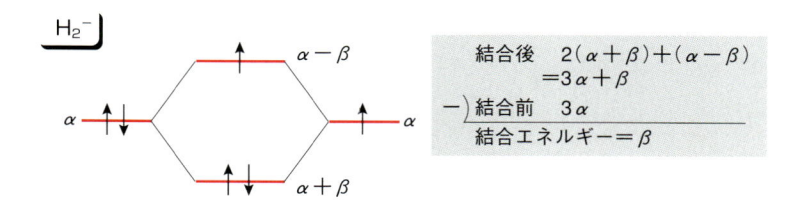

図6-5　水素分子の結合エネルギー

分子になることによって安定化したエネルギーですから、これが水素分子の結合エネルギーということになります。

このように、分子軌道法では結合エネルギーなど、すべてのエネルギーはβを単位として表されます。βが具体的に何ジュールかを知るためには、実験値と対比させることになります。しかし、多くの場合、具体的な数値は必要なく、βを単位とした相対値で充分な議論ができます。

B) 水素分子陽イオン

水素分子から電子1個が外れたものを水素分子陽イオンといいます。電子は1個ですので、電子配置は図6-5中央のようになり、結合エネルギーはβとなります。

この結合エネルギーは水素分子の半分ですが、マイナスの値をもちます。ということは水素分子陽イオンは原子状態（水素原子と水素イオン）に分かれているよりは安定だということになります。したがって、水素分子陽イオンは安定な分子として存在できることになります。ただし、結合エネルギーは水素分子の半分ですから、結合は弱く、そのため結合距離は長くなって、分解しやすいことが予想されます。

C) 水素分子陰イオン

水素分子に1個の電子が加わったもので、電子数は3個になります。増えた電子は反結合性軌道に入り、その結果結合エネルギーはβとなります（図6-5下）。

イオンの性質の予想は陽イオンの場合と同じになります。

D) 励起状態の水素分子

水素分子に2βのエネルギーを与えると、結合性軌道の電子がそのエネルギーを受け取り、2βだけ上の軌道、すなわち反結合性軌道に移動します。このような電子の移動を遷移といい、遷移の結果できた状態を励起状態といいます（図6-6）。通常、遷移に必要なエネルギー、2βは光で与えられます。すなわち、分子に光を照射するのです。このような反応を光反応といいます。

励起状態の結合エネルギーは0です。すなわち、分子は少しも安定化しないのです。このような分子は反発が起こって分解してしまいます。すなわち、水素分子に励起に必要なエネルギーを与えると水素分子は分解するのです。

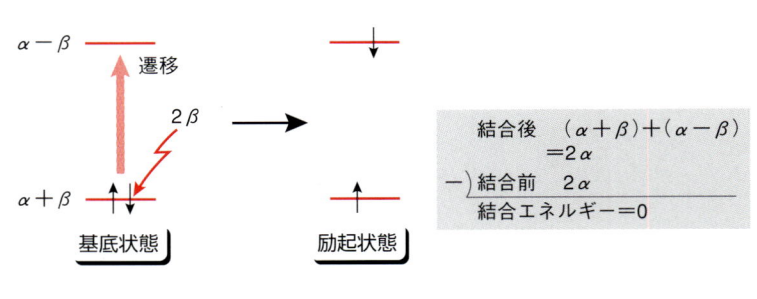

図6-6 エネルギーを与えると電子は遷移する

2 ヘリウムが分子にならない理由

ヘリウムは分子を作らないことで有名です。なぜでしょうか？ その理由を分子軌道法で考えてみましょう。

まず、ヘリウム分子ができたと仮定して、軌道エネルギー準位図を作ってみます。それが図6-7に示したものです。水素分子のものと全く同じにみえますが、α、βにダッシュがついています。すなわち、水素分子のαは水素原子の1s軌道エネルギーですが、ヘリウムの場合にはヘリウム原子の1s軌道エネルギーなのです。両者は異なりますから、ヘリウムのほうにダッシュをつけたのです。

しかし、考え方は水素の場合と全く同じです。ヘリウム分子ができたとしたらその電子数は4個となりますので、電子配置、結合エネルギーは図に示したものとなります。すなわち、励起状態水素と同様に結合エネルギーがないのです。このため、ヘリウム分子はたとえできたとしても直ちに分解し、結果的にできないことになるのです。

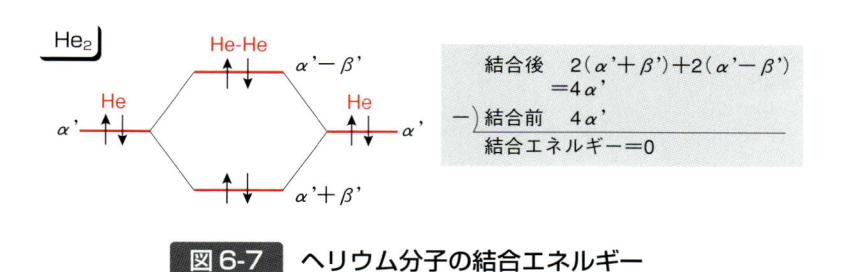

図6-7 ヘリウム分子の結合エネルギー

結合後　$2(\alpha'+\beta')+2(\alpha'-\beta')$
　　　　　$=4\alpha'$
−）結合前　$4\alpha'$
結合エネルギー＝0

第Ⅱ部　6章　分子軌道法—化学結合を定量化する

4. エチレンでみる分子軌道の基本

> 分子軌道法の威力は有機化合物のうちでも共役化合物の性質を解明する点にあります。ここでは共役化合物を扱う基礎として、エチレンの分子軌道をみてみましょう。

1 分子ではπ結合のみを考える

有機物の分子軌道法といいましたが、実は分子全体を分子軌道法で扱おうとすると大変に複雑なものになり、大型のコンピュータを何日も動かすようなことになりかねません。そこで、多くの場合、π結合だけを取り扱うことになります。このように、σ結合とπ結合を分けて考え、π結合だけを対象とする操作を$\sigma\pi$分離といいます。

2 エチレンの分子軌道

まず、最も基礎的なπ結合としてエチレンのπ結合を考えてみましょう。図6-8はエチレンのπ結合です。水素の場合と対応して考えますと、炭素の2p軌道が原子軌道であり、π結合が分子軌道ということになります。炭素C_1、C_2の2p軌道関数をそれぞれϕ_1、ϕ_2とし、π結合の軌道関数をψとします。

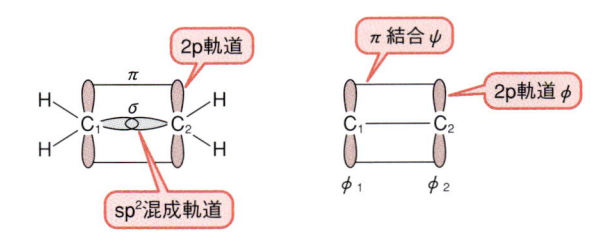

図6-8 エチレンのπ結合

A) 軌道エネルギー準位図

エチレンのπ結合の扱いは、すべてが水素分子の場合と同じ関係になりますので、軌道エネルギー準位図は図6-9左のようになります。ただしここでのα、βは炭素2p軌道に対応するものです。

B) 軌道関数

軌道関数は慣習的に図6-9右のように示します。網かけの有無は軌道関数の係数の正負に対応します。反結合性軌道ではϕ_1とϕ_2で符号が逆なので、網かけが逆のパ

ターンになっています。係数の正の頂点（網かけ無しのほう）を結ぶと図に示したような波線が描かれます。軌道の正負の符号が変化する点を節といいます。

結合性軌道のように左右対称の関数を対称関数（symmetry）として記号Sをつけます。一方、反結合性軌道のように対称でないものを反対称関数（asymmetry）としてAをつけます。これらの記号の後ろの括弧の中に節の個数を入れて、関数の記号にします。

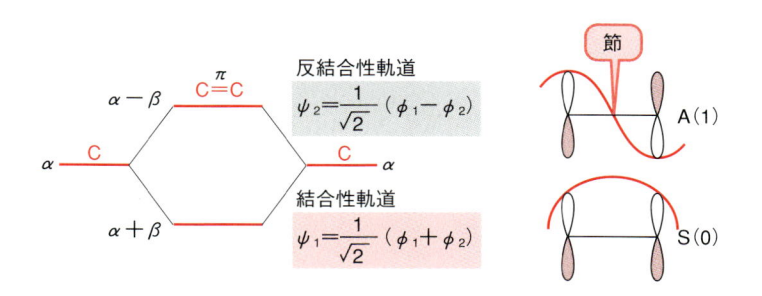

図6-9 エチレンのπ結合の軌道エネルギー準位図と軌道関数

C）シス・トランス異性

水素分子の場合と全く同様にして、エチレンのπ結合エネルギーは2βであることがわかります。

ここで励起状態のエチレンを考えてみましょう。この場合も水素分子の励起状態と同様に結合エネルギーは0となります。これはπ結合が存在しないことを意味します。すなわち、C＝C結合がC－C結合になるのです。これは結合回転が可能なことを意味します（図6-10）。4章5節でみた、エチレンの光によるシス・トランス異性化とはこのことを指していたのです。

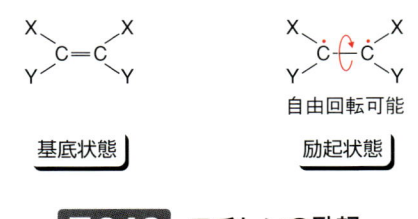

図6-10 エチレンの励起

5. 共役化合物の分子軌道

準備は整いましたので、共役系の分子軌道をみてみることにしましょう。

1 共役化合物の分子軌道

共役化合物のπ結合は複数個のp軌道でできた軌道です。このように考えるとき、共役化合物の分子軌道には次のような性質があります。

① 分子軌道ψ_nは原子軌道ϕ_nと同じ個数だけできる。
② 軌道エネルギー準位図は$E = a$を中心として上下対称になる。
③ 軌道エネルギーは$a \pm 2\beta$の範囲に収まる。
④ 軌道関数の節の個数はエネルギーの低いものから順に0、1、2、と増加する。
⑤ 軌道関数の対称性はエネルギーの低いものから順にS、A、S、Aとなる。

2 実際の分子軌道

上の約束に従って実際の共役化合物の分子軌道を作ってみましょう。

A) ブタジエン

ブタジエン $CH_2=CH-CH=CH_2$ に対して組み立てたのが、図6-11のエネルギー準位図と軌道関数です。

ブタジエンのπ結合は4個のp軌道、$\phi_1 \sim \phi_4$からできています。したがって分子軌道も$\psi_1 \sim \psi_4$までの4個になります。aよりエネルギーの低い軌道はすべて結合性軌道と呼ばれ、高い軌道はすべて反結合性軌道と呼ばれます。

軌道エネルギーは図6-11左のように上下対称となっており、$a \pm 2\beta$の範囲に収まっています。軌道関数も上の約束④⑤を満たしています。

図6-11 ブタジエンの分子軌道

B) ヘキサトリエン

図6-12は6個の炭素からなる系、ヘキサトリエンの分子軌道です。ブタジエンの場合と同じ約束が守られています。ただし、4βのエネルギー範囲の中に6個の分子軌道が入りますので、エネルギー間隔は狭くなっています。

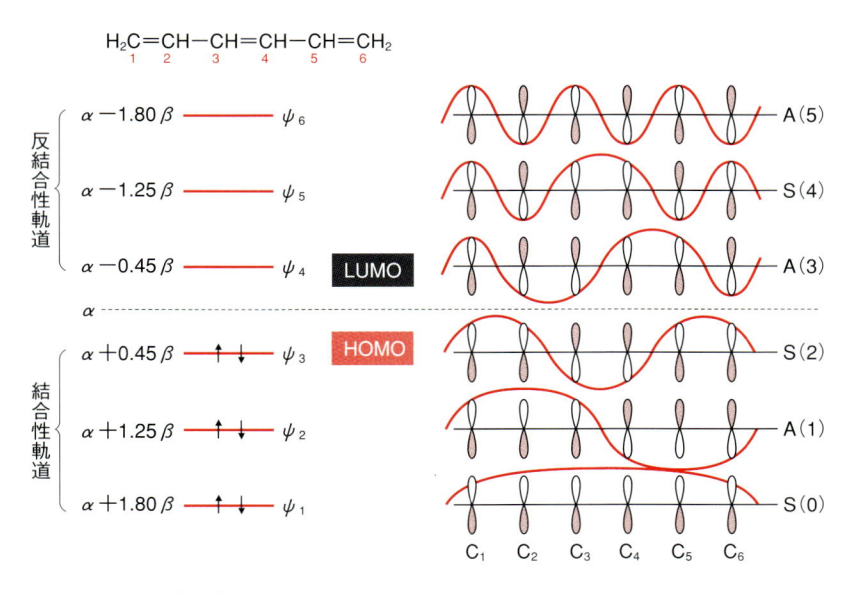

図6-12 ヘキサトリエンの分子軌道
HOMO、LUMOについては本章8節参照

3 軌道エネルギーの一般化

共役化合物の軌道エネルギーを一般化してみましょう。n個のp軌道からなる共役系のエネルギーは図6-13のようにして求められることが知られています。すなわち、中心をαに置いた半径2βの半円を描くのです。そして半円の中心角を($n+1$)等分します。するとその半径と円周の交点の高さが分子軌道のエネルギーを与えるのです。

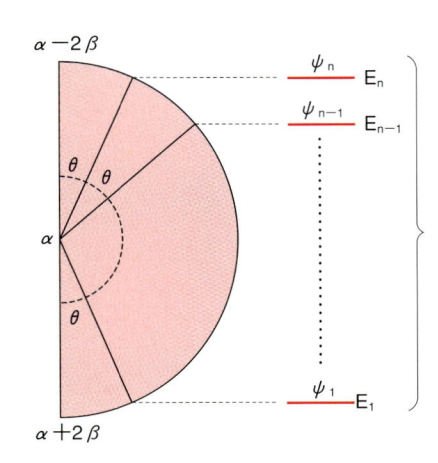

$$\theta = \frac{\pi}{n+1}$$

$$E_i = \alpha + x_i \beta$$

$$x_i = 2\cos\frac{i\pi}{n+1}$$

i：軌道の番号

図6-13 共役系の軌道エネルギーの一般化

第Ⅱ部　6章　分子軌道法——化学結合を定量化する

6. 分子軌道法で物性、反応性もわかる

> 分子軌道法は分子軌道エネルギーや関数を教えてくれます。エネルギーや関数は分子の物性を計る基礎データです。これらのデータを用いることによって分子の物性や反応性に関する多くの知見を導き出すことができます。どのような知見を導き出すかは、研究者の力量にかかっています。そこが分子軌道法の本当の面白さです。ここでは分子軌道法をもとにした基本的な知見を紹介しましょう。

1 非局在化エネルギー

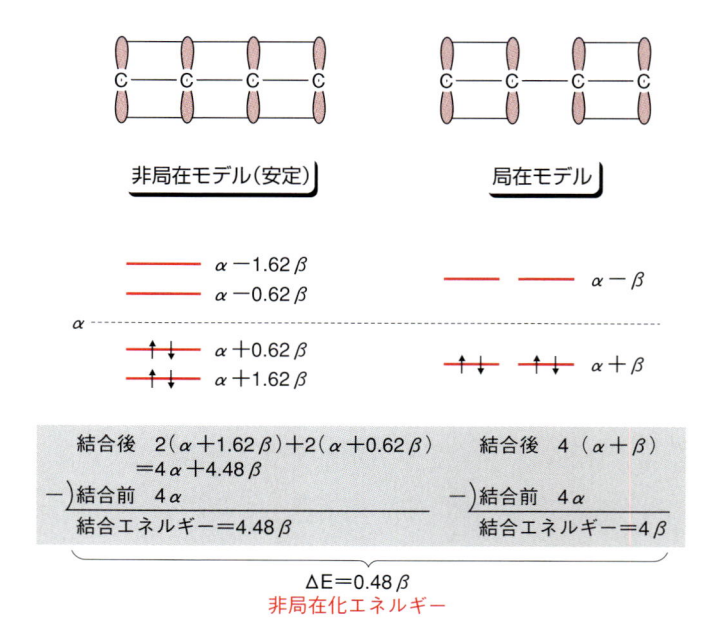

ブタジエンのπ結合エネルギーを求めてみましょう。ブタジエンのπ電子は4個ですので、2個の結合性軌道が一杯になります。エチレンの場合と同様にしますと、ブタジエンのπ結合エネルギーは 4.48β という中途半端な値になります（図6-14左）。

A）局在モデルと非局在モデル

ところで、5章1節でみたように、ブタジエンには局在モデルと非局在モデルがあります。ここで求めたπ結合エネルギー 4.48β は非局在モデルによるものです。

それでは局在モデルでの結合エネルギーはどのようになるのでしょう。局在モデルではブタジエンのπ結合はエチレンのπ結合と同じものになっています。すなわち、

図6-14 ブタジエンのπ結合エネルギー

ブタジエン全体としてはエチレンのπ結合2個分であり、その結合エネルギーは4β ということになります（図6-14右）。

それでは、非局在モデルと局在モデルのπ結合エネルギーの差、0.48 β は何を意味するのでしょう。これは、非局在化することによって安定化したエネルギーであり、非局在化エネルギーと呼ばれます。

このように、分子は非局在化することによって安定化します。そのため、分子はできるだけ共役系を延ばし、非局在化しようとする傾向があります。

B）共鳴エネルギー

有機化学では分子の安定性を見積もる経験的な方法論として共鳴法（p.126 コラム参照）があり、共鳴エネルギーが定義されています。共鳴エネルギーの大きいものほど安定化が大きいと考えます。非局在化エネルギーはこの経験的な共鳴エネルギーを理論的に解釈したものと考えることができます。両者の間には図6-15に示したようなよい比例関係のあることが知られています。

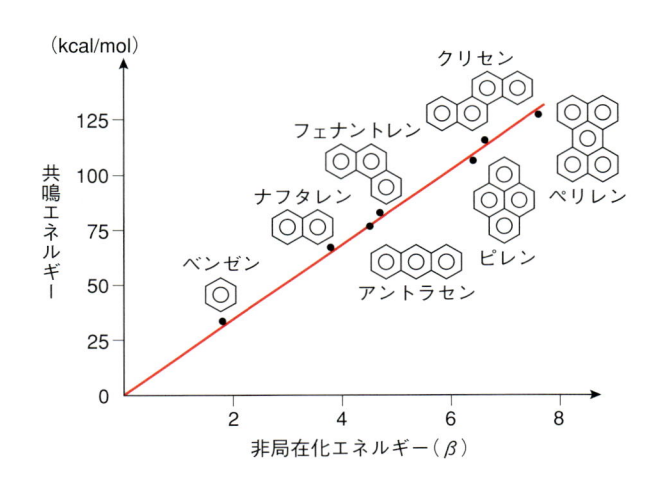

図6-15 共鳴エネルギーと非局在化エネルギーの相関

2 電子密度

電子密度 q は、π電子がどの原子上にあるかを示すものです。エチレンのπ電子は2個ありますが、その電子が C_1 と C_2 に1個ずつあれば、それぞれの電子密度 q_1、q_2 はともに1となります（図6-16）。

それに対して C_1 に2個、C_2 に0個ならば $q_1 = 2$、$q_2 = 0$ となります。中性の炭素上には1個のπ電子があるのですから、この場合 C_1 は -1 に荷電し、C_2 は $+1$ に荷電していることになります。

$H_2\dot{C}=\dot{C}H_2$ $H_2\overset{-}{\ddot{C}}=\overset{+}{C}H_2$
$q_1=q_2=1$ $q_1=2,\ q_2=0$

図6-16 電子密度 q

電子密度は軌道関数の係数の二乗に比例します。すなわち、軌道関数の係数が大きいということは、その原子上に電子が多いということを意味するのです。図6-17にブタジエン陽イオンの電子密度と電荷分布を示しました。陽イオンの電荷分布は、4個の炭素が等しく＋1/4などという素朴なものではなく、両端の炭素が大きくプラスに荷電していることがわかります。

電荷　＋0.36　＋0.14　＋0.14　＋0.36
$(H_2C-CH-CH-CH_2)^+$
q　　　0.64　　0.86　　0.86　　0.64

図6-17　ブタジエン陽イオンの電子密度と電荷

■ 共鳴法　　　　　　　　　　　　　　Column

　計算機の発展のおかげで分子軌道法が一般的になった現在、共鳴法の使命は終えたような感もありますが、有機化学の分野では直感的にわかりやすい概念として"愛用"されていますので、簡単に紹介しましょう。

　ベンゼンの構造は慣習的に図のAあるいはBの形で書きますが、先にみたように、実際にはCのようなものです。このとき共鳴法では、AとBが共鳴してCになった、と考えるのです。そして構造A、Bを極限構造式と呼びます。つまり共鳴法での分子構造は、極限構造式の平均のようなものと考えるのです。

　そして、ここがわかりにくいところですが、この共鳴の結果、ベンゼンのエネルギーはE_AあるいはE_BからE_Cに低下したと考え、その差を共鳴エネルギーと呼ぶのです。共鳴に関与する極限構造式は多いほうが安定化は大きいと考えます。そのため、ブタジエンでは図のようなイオン構造まで含めた共鳴を考えたりします。

　かなり恣意的で、なんだかよくわからないでしょう？　でも、ベンゼンの安定性の定性的な説明などワリと本質を突いていて、役には立つ考え方なのです。ちなみにこの考えを提唱したアメリカの化学者ライナス・ポーリング教授は、ノーベル賞を2回（化学賞と平和賞）受賞しています。

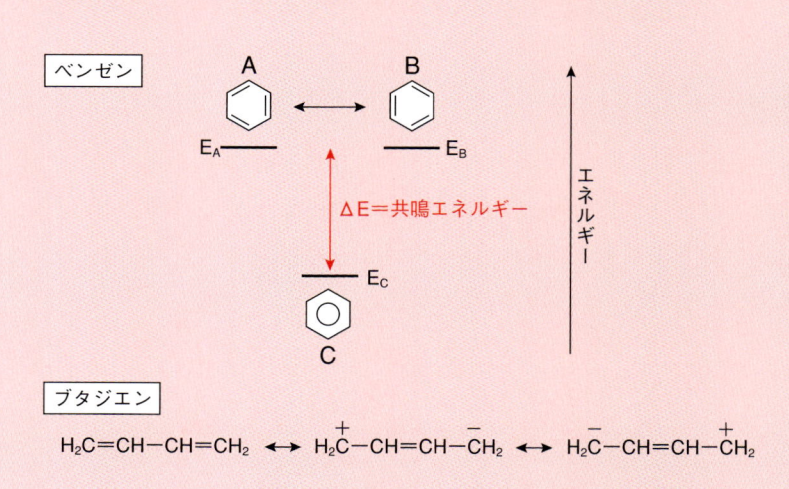

ベンゼン：A ↔ B、E_A、E_B、ΔE＝共鳴エネルギー、E_C、C（エネルギー）

ブタジエン：
$H_2C=CH-CH=CH_2$ ↔ $H_2\overset{+}{C}-CH=CH-\overset{-}{CH_2}$ ↔ $H_2\overset{-}{C}-CH=CH-\overset{+}{CH_2}$

3 結合次数

　原子間に何本のπ結合が存在するかを表す指標をπ結合次数pあるいは単に結合次数といいます。エチレンのC_1-C_2間にはπ結合が1本ありますので$p_{12}=1$となります。一方、エタンではπ結合がありませんので$p_{12}=0$となります。

　結合次数は、結合する原子の軌道関数の係数の積に比例します。すなわち、係数の大きい原子間の結合が結合次数の高い結合、すなわち強い結合になるのです。

　図6-18にブタジエンの結合次数を示しました。5章1節でみたような、3本のC–C結合が等しく5/3重結合などという素朴なものではないことが示されています。

　ベンゼン、ナフタレンの結合次数も図6-18に示しました。ナフタレンの結合はすべてが等しいのではなく、C_1-C_2間の結合次数が最も高く、C_2-C_3間は低いことがわかります。

　結合次数と直接的に結びつく分子の性質は原子間距離です。結合次数と結合距離の関係を図6-19に示しました。結合次数が高いということは結合が強固であることを意味し、結合距離も短くなっています。

図6-18 ブタジエン、ベンゼン、ナフタレンの結合次数

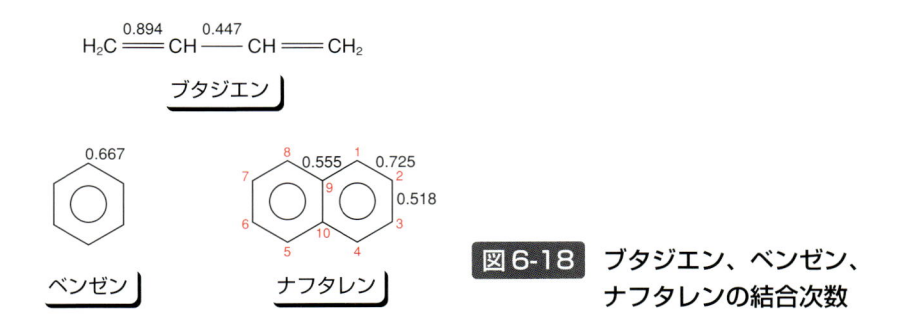

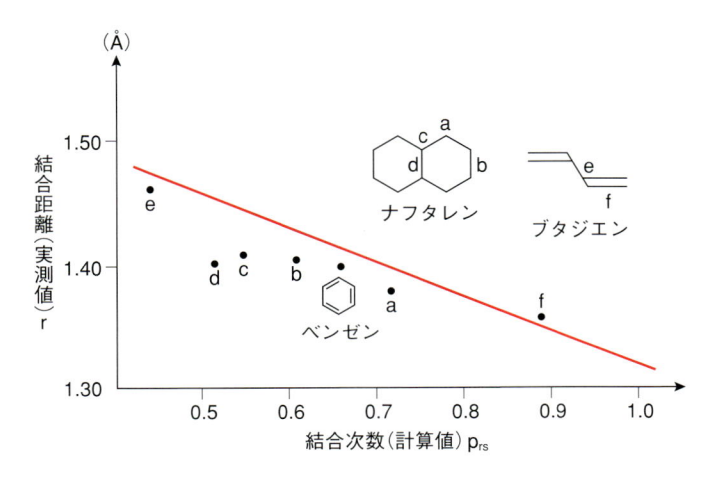

図6-19 結合次数と結合距離の関係

第Ⅱ部　6章　分子軌道法──化学結合を定量化する

7. 芳香族の分子軌道
──ベンゼンはなぜ安定なのか

> 芳香族の定義については5章2節でおおよそのお話をしました。ここで分子軌道法の見地からもう少し明確なお話をしましょう。

1 環状共役化合物の分子軌道

本章5節で、鎖状共役化合物一般の分子軌道エネルギーを求める方法をご紹介しました。環状化合物についても同様に簡便な方法があります。

A) 作図法

それは鎖状の場合と同様に、中心を α において半径 2β の円を描くということから始まります。この円の中に環状化合物に相当する正n角形を作図すると、その頂点と円周の交点の高さが軌道エネルギーを与えるのです（図6-20）。

この際、大切な条件があります。それは頂点の1つを最下点、すなわち $E = \alpha + 2\beta$ に置くというものです。

B) 縮重軌道

このようにすると、図は左右対称となり、同じ高さの交点が2個ずつ現れることになります。これはそのものズバリ、同じエネルギーの軌道が2個ずつ存在することを意味します。すなわち、環状共役化合物には縮重軌道が存在するのです。

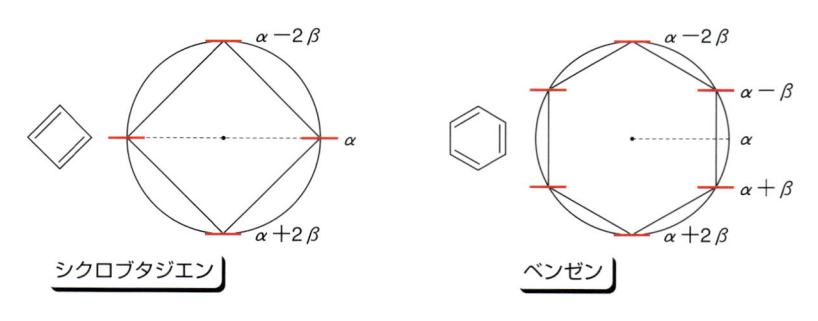

図6-20　環状共役化合物の軌道

（シクロブタジエン：$\alpha - 2\beta$, α, α, $\alpha + 2\beta$）
（ベンゼン：$\alpha - 2\beta$, $\alpha - \beta$, $\alpha - \beta$, $\alpha + \beta$, $\alpha + \beta$, $\alpha + 2\beta$）

2 シクロブタジエンの安定性

図 6-21 は上の作図法に基づいて求めたシクロブタジエンの軌道に電子を入れたものです。

A) 中性シクロブタジエン

シクロブタジエンでは $E = α$ の軌道があります。エネルギーが $α$ の軌道を一般に非結合性軌道（nonbonding orbital）、n 軌道といいます。

シクロブタジエンの π 電子は 4 個です。この電子を分子軌道に入れてみましょう。まず $E = α + 2β$ の結合性軌道に 2 個の電子を入れます。残りの 2 個はエネルギーの同じ縮重軌道に入りますが、1 章 4 節でみた炭素の場合と同様に 2 個の縮重軌道に 1 個ずつ入ります。

この結果、シクロブタジエンの結合エネルギーは $4β$ となり、5 章 2 節でみたように、熱力学的には安定な化合物と考えられます。しかし、縮重軌道に入った電子は不対電子であり、一般にラジカル電子と呼ばれるもので非常に高い反応性をもちます。このような電子を 2 個ももつシクロブタジエンは、反応速度論的に不安定な化合物であることがわかります。

B) シクロブタジエンイオン

シクロブタジエンの電子数を変えたら安定性はどうなるでしょうか？ 電子 2 個を取ると 2π 電子のジカチオンとなります。ここには不対電子はありません。すなわち速度論的な不安定性は解消されています。電子 2 個を加えたらどうでしょう？ 今度は 6π 電子のジアニオンとなり、ここでも不安定性は解消されています（図 6-21）。

すなわち、シクロブタジエンが不安定なのは環内に 4π 電子が存在するからであり、2π あるいは 6π 電子なら安定なのだということができそうです。

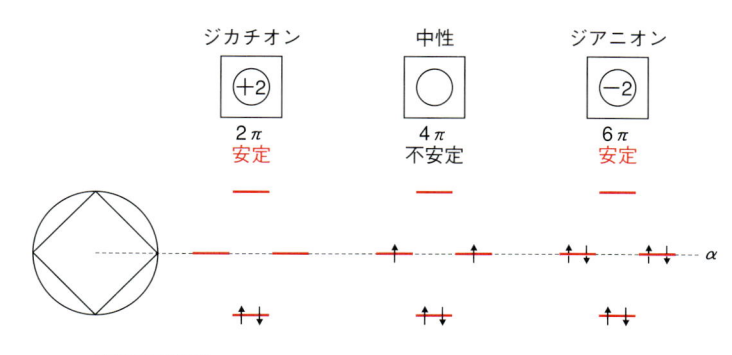

図 6-21 シクロブタジエンの分子軌道と安定性

3 ベンゼンの安定性

ベンゼンのπ電子は6個です。電子は3個の結合性軌道に電子対を作って収まります（図6-22）。この結果、結合エネルギーは8βとなって熱力学的に安定となります。また、不対電子がないので速度論的にも安定ということになります。

しかし電子2個を取り去った4π電子のジカチオンでは不対電子が2個でき、不安定です。電子2個を加えて8π電子にしたジアニオンも不安定です。すなわち、安定なのは6π電子の場合で、4π、8π電子の場合は不安定であるといえそうです。

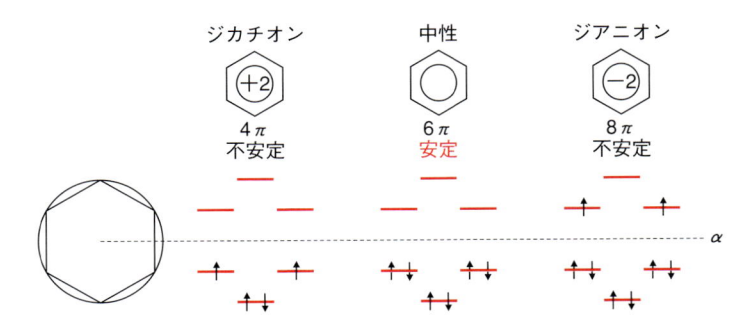

図6-22 ベンゼンの分子軌道と安定性

4 再び芳香族の定義

どのような化合物が芳香族なのか、については一般則が見出されています。上でみた2つの事例だけから一般則を導き出すのは乱暴に過ぎるでしょう。しかし、もっと多くの事例を用いて検証すると次の一般則が導かれます。

"環状共役化合物で環内に（4n + 2）個のπ電子をもつ系は芳香族である"

これを、ヒュッケル則ということは5章2節で紹介したとおりです。

そして4n個の電子をもつ系が反芳香族として不安定なのも、ここで明らかになったとおりです。すなわち、反芳香族は2個の縮重軌道に1個ずつの不対電子が入るので速度論的に不安定となるのです。

第Ⅱ部　6章　分子軌道法—化学結合を定量化する

8. HOMOとLUMO
—分子の反応性を知るための指標

> 分子軌道法は分子のエネルギーに関する情報を与えてくれるだけではありません。反応性に関する情報をも与えてくれます。

1 HOMOとLUMO

図6-23は一般的な分子の電子配置です。分子軌道のうち、電子の入っている軌道を、電子によって占領されているので被占軌道、電子の入っていない軌道を空軌道といいます。被占軌道のうち、最もエネルギーの高い軌道を最高被占軌道（HOMO：highest occupied molecular orbital）といいます。それに対して空軌道のうち最もエネルギーの低いものを最低空軌道（LUMO：lowest unoccupied MO）といいます。

HOMOとLUMOは分子の物性、反応性の推定に大きな働きをします。

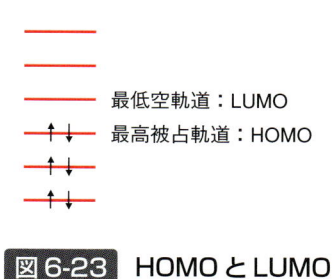

図6-23　HOMOとLUMO

2 電子遷移エネルギーとスペクトル

HOMOとLUMOが反応性の推定に役立つ例を取り上げてみましょう。先にエチレンに光を照射すると励起状態になり、シス・トランスの異性化という、励起状態特有の反応を起こすことをみました（4章5節参照）。この反応はHOMOの電子がLUMOへ移動したことによって起こったということができます。

A）吸収光と共役系

一般に分子に光を照射すると、HOMOの電子が光のエネルギーを吸収してLUMOへ遷移します。このとき吸収するエネルギーはHOMO–LUMO間のエネルギー差ΔEになります。本章5節でみたように、共役系を構成するp軌道の個数、すなわち炭素数が変化すると軌道間のエネルギー差ΔEは変化します。これは逆にいうと、エネルギー差ΔEがわかれば、共役系を構成する炭素数を推定できることを意味します。

B) スペクトルと構造決定

ΔEは分子のスペクトルを計ることによって簡単に知ることができます。すなわち、スペクトルは構造未知の分子の構造を推定する際に重要な知見を与えてくれるものなのです（**図6-24**）。

ΔE（β）と吸収光の振動数（ν）、それと共役系を構成する二重結合の個数の間の関係を**図6-25**に示しました。非常によい比例関係にあることがわかります。

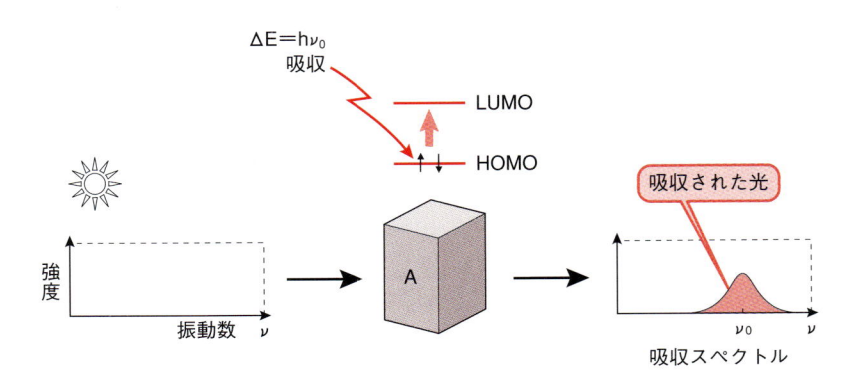

図6-24 スペクトルを測ればエネルギー差がわかる

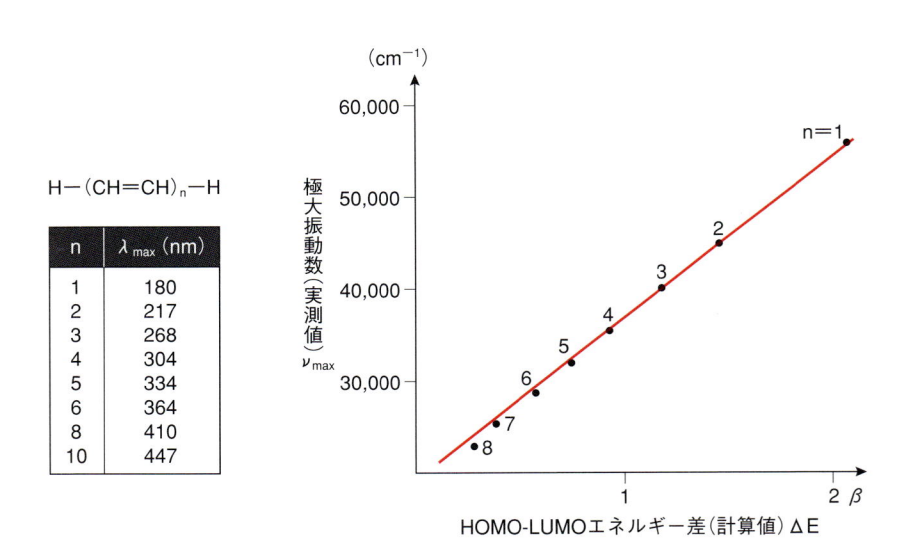

$H-(CH=CH)_n-H$

n	λ_{max} (nm)
1	180
2	217
3	268
4	304
5	334
6	364
8	410
10	447

図6-25 ΔEと振動数、二重結合数の関係

3 フロンティア軌道理論

1章で原子の性質を決定するのは価電子であり、価電子は最外殻に入っている電子であることをみました。分子の場合にも同じように考えることができます。

分子 A、B が反応するときの様子を考えてみましょう。反応は分子が衝突しなければ起きません。衝突するときに互いに接するのはどこでしょう。分子の最も外側の部分です。分子の反応は、国家でいえば戦争のようなものです。戦争はどこで起きるでしょう？ 国境（frontier）で火を噴きます。そのため、最も外側、すなわち電子の入っている軌道のうち、最もエネルギーの高い軌道をフロンティア軌道といいます（図6-26）。

分子の反応はこのフロンティア軌道によって支配されるのです。すなわち、熱反応は基底状態で起こりますからフロンティア軌道は HOMO になります。また光反応は励起状態で起こりますからフロンティア軌道は LUMO になります（励起状態の電子配置で考えればこの軌道が HOMO になります）（図6-27）。

このように、分子軌道を検討することによって反応性を推定、予言する理論をフロンティア軌道理論といいます。この理論は、福井、Woodward、Hoffmann の 3 人によって発見され、ノーベル化学賞を受賞しました。

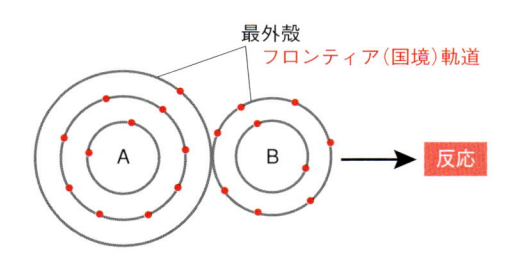

図6-26 分子の反応はフロンティア軌道が支配

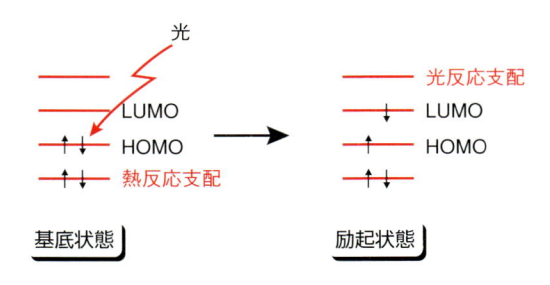

図6-27 励起されるとフロンティア軌道は変わる

第Ⅲ部　分子間力を化学的に捉えてみよう

7章

配位結合
——錯体から学ぶその特性

　前章までは原子間に働く結合をみてきました。原子間に働く結合は分子を作る結合であり、その意味で基礎的で本質的なものです。

　しかし、バイオで活躍する分子をみると、原子間に働く結合以外の結合が大きく影響していることがわかります。タンパク質などバイオ関係の分子ではその機能が重要な働きをすることになりますが、そのような機能発現のために働いているのは、原子間の結合以外の結合のようにみえます。

　それでは、原子間の結合以外の結合とはどのような結合でしょう？　それは分子間に働く結合であり、一般に分子間力といわれるものです。分子は分子間力によって集まり、高次の構造をもった集合を作り、その集合全体として複雑で精妙な機能を発揮しているのです。

　分子間力には多くの種類がありますが、ここではそのうちでもちょっと特殊な結合である配位結合についてみていくことにしましょう。配位結合は分子間に働くと同時に分子と原子の間にも働く結合です。

第Ⅲ部　7章　配位結合—錯体から学ぶその特性

1. 配位結合とは
—共有結合と似て非なる結合

配位結合のよく知られた例は、アンモニア NH_3 が水素陽イオン H^+ と結合してアンモニウムイオン NH_4^+ を生成する際の N–H 結合です。

1 アンモニアと水素陽イオンの結合

アンモニアの結合は4章7節でみたとおりです。すなわち、窒素は sp^3 混成をし、4個の混成軌道のうち3個を使ってN–H結合を作り、残り1個の混成軌道には非共有電子対が入っています。

A) 水素陽イオン

水素陽イオン H^+ は電子をもっていません。したがって原子核だけであり、しかも水素の場合には原子核は陽子だけです。すなわち、水素陽イオンというのは陽子、プロトンなのです。物理ならば素粒子の一種とみなされるものです。その小ささたるや目を覆うばかりのものです。

しかし化学では原子の一種として扱います。そのため、軌道をもっているものとし、ただしその軌道は電子の入っていない空軌道であると考えるのです。

B) アンモニウムイオン

この H^+ がアンモニアに近づき、非共有電子対に止まった（引っかかった）と考えてください（図 7-1）。H^+ の空軌道と窒素の非共有電子対の入った軌道が重なります。その結果、どうなるでしょう？　アンモニアの3本のN–H結合と同じになってしまったのではないでしょうか？

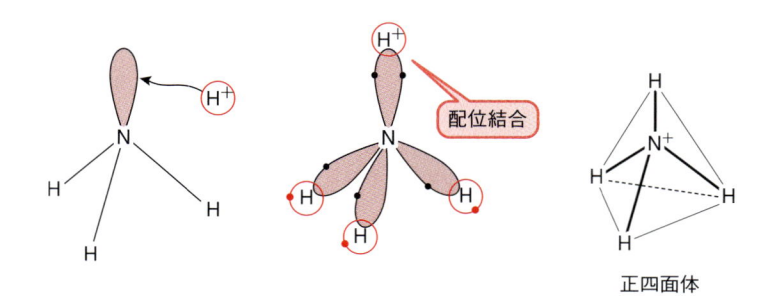

図 7-1 アンモニウムイオンと配位結合

2 配位結合

図 7-1 では、結合の細かい点がわかるように、電子を区別しました。もともと窒素

に属していた電子を黒、水素に属していた電子を赤にします。すると、アンモニアのN-H結合を構成する2個の電子は、窒素と水素が共有結合をするために出しあったものですから、1個は黒、1個は赤です。

A）配位結合のしくみ

H$^+$と非共有電子対の重なったところはどうでしょうか？ 見た目は他の3本のN-H結合と同じように見えますが、電子の種類が違います。2個とも黒です。

このように、結合に使う2個の結合電子を片方の原子だけが出して作った結合を配位結合といいます。しかし、電子の色を消してしまったら、4本のN-H結合は全く等しくなってしまいます。このように、配位結合はできる過程が異なるだけで、できてしまえば共有結合とすべて同じになってしまいます。結婚するときに、二人で鍋釜（古いですネー）を持ち寄ろうと、男性がすべて用意して女性は裸？で転がり込もうと、結婚したらいずれ尻に敷かれて同じになる？のと同じことです。

アンモニウムイオンはメタンと同じく正四面体の形をしています。

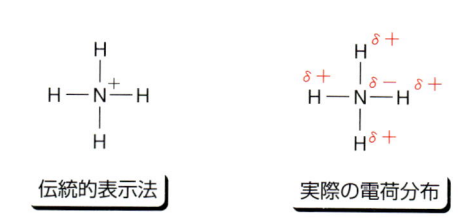

B）アンモニウムイオンの電荷分布

アンモニウムイオンを構造式で書くときには図7-2左に示したように＋の記号をNにつけます。この結果、あたかも窒素がプラスに荷電していると思い込みがちです。しかしそれは間違いです。＋はアンモニウムイオン全体が帯びているのです。

窒素と水素の電気陰性度を比較すれば圧倒的に窒素のほうが大きいです。これは窒素が電子を引き寄せるということです。すなわち、アンモニウムイオンでプラスに荷電しているのはHなのです。Nは中心にあって多くの電子にかしずかれて？いるのです。

図7-2　アンモニウムイオンの電荷分布

3　ヒドロニウムイオン

水にH$^+$が結合したイオン、H$_3$O$^+$をヒドロニウムイオンといいます。結合の様式はNH$_4^+$と同じです。水の酸素原子は2個の混成軌道に非共有電子対をもっています。このうちの1個と配位結合をすればよいのです（図7-3）。

ヒドロニウムイオンはアンモニアと同様の三角錐型で、酸素の上には非共有電子対があり、プラスの電荷は実際には水素原子上にあります。

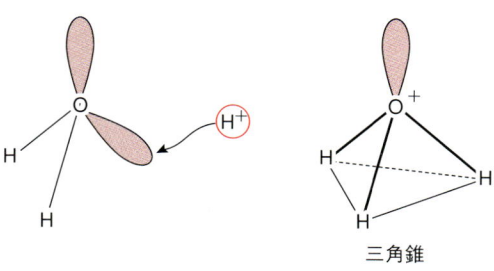

三角錐

図7-3　ヒドロニウムイオン

4 B–N結合

配位結合が分子を結合する例をみてみましょう。分子の1個はアンモニアNH$_3$です。そしてもう1つはフッ化ホウ素BF$_3$です。どちらも完全な分子として安定に存在するものです。ところがこの2個の"分子"が反応すると新しい"分子"H$_3$NBF$_3$になるのです。まさしく分子間結合です。

A) BF$_3$の結合

まずBF$_3$の結合を明らかにしておきましょう。ホウ素Bはsp^{3}混成をしていますが、L殻電子が3個しかないので、1個の混成軌道は空軌道となっています。3個の混成軌道でフッ素と結合しますので、分子の形はアンモニアと同様の三角錐です。ただし、アンモニアには頂点に非共有電子対がありますが、BF$_3$には頂点に空軌道があります（図7-4）。

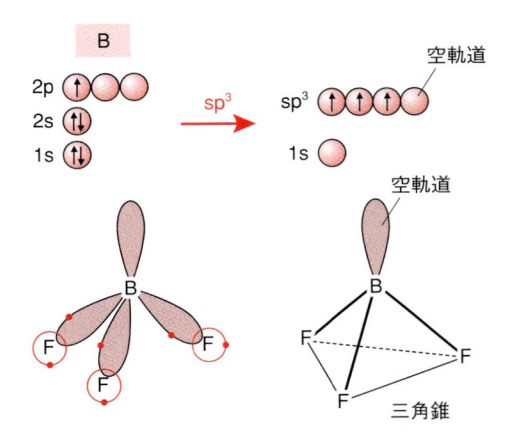

図7-4 フッ化ホウ素BF$_3$の結合状態

B) NH$_3$とBF$_3$の結合

NH$_3$とBF$_3$の結合はNの非共有電子対とBの空軌道の間で形成されます（図7-5）。両方の軌道が重なるとNの非共有電子対の電子が分子軌道に流れ込みますから、N–B間の結合は共有結合（と同じ結合）になります。しかし、結合電子は2個ともNから来ているので、配位結合なのです。

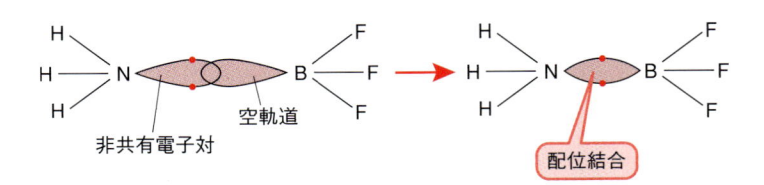

図7-5 NH$_3$とBF$_3$との間の配位結合

2. 錯体は配位結合を作る

> 金属や金属イオンと有機分子が結合した分子を錯体といいます。ヘモグロビン中のヘムは鉄の錯体、クロロフィルはマグネシウムの錯体、ビタミンB_{12}はコバルトの錯体というように、生体では多くの種類の錯体が重要な働きをしています。ここでは錯体を構成する結合を混成軌道と配位結合の観点からみてみましょう。

1 錯体の構造

錯体は幾何学的に美しい構造をしたものがたくさんあります。代表的なものを図7-6に示しました。Aは正四角形であり、ニッケルNiに4個の一酸化炭素COが結合しています。一般に錯体の中心にある金属原子あるいはイオンを中心金属、それと結合した有機物を配位子と呼びます。

Bは正四面体であり亜鉛イオンZn^{2+}に4個のアンモニア分子が結合しています。Cは正八面体であり、鉄イオンFe^{2+}に6個の水分子が結合しています。

中心金属と配位子の結合がどのような結合かについてはいろいろの説があります。本章では、これまでの結合の説明の流れに沿うものとして、中心金属の混成軌道を用いた配位結合で説明してみましょう。そして、本章4節でもう1つの美しい説明法、結晶場理論について説明することにします。

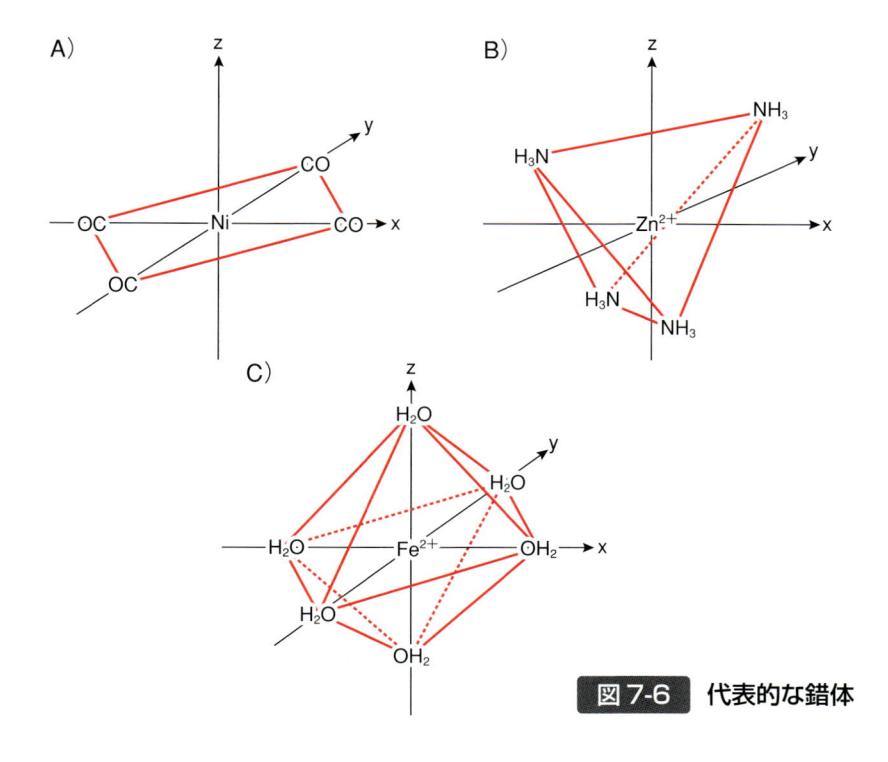

図7-6 代表的な錯体

2 正四面体構造の錯体

亜鉛イオン Zn^{2+} に4個のアンモニア分子が結合した錯体、$[Zn(NH_3)_4]^{2+}$ は正四面体構造をしています。

Zn の電子配置は図7-7のとおりであり、Zn^{2+} は Zn から2個の電子が取れたイオンですから、s、p 軌道に電子はありません。しかし、正四面体構造の錯体を作るときには Zn^{2+} は sp^3 混成をします。したがって、4個の混成軌道はどれも電子の入っていない空軌道となります。

一方、アンモニアは非共有電子対をもっています。したがって、Zn^{2+} の空軌道とアンモニアの非共有電子対の間で、先の H_3N-BF_3 と同様の配位結合を作ることができます。このようにしてできたのがこの錯体、$[Zn(NH_3)_4]^{2+}$ です。

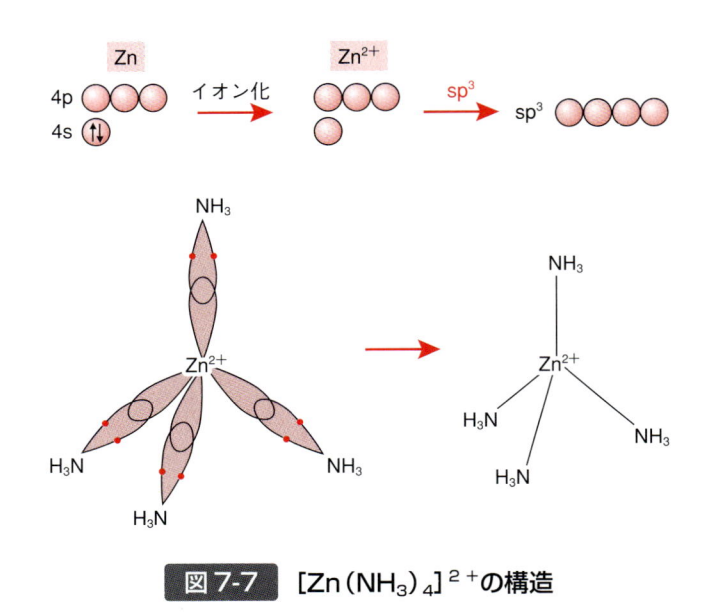

図7-7 $[Zn(NH_3)_4]^{2+}$ の構造

3 正八面体構造の錯体

鉄イオン Fe^{2+} に6個の水分子が結合した $[Fe(H_2O)_6]^{2+}$ は正八面体構造をしています。

配位子である水にはアンモニアと同様に非共有電子対がありますから、これと Fe^{2+} の空軌道の間で配位結合を作れば錯体はできあがります。

鉄の電子配置は図7-8のようであり、ここから2個の電子が取れた Fe^{2+} には亜鉛の場合と同様に s、p 軌道に電子はありません。この錯体は6個の配位子と結合しなければなりませんから、6個の軌道を作る必要があります。そのためには d 軌道を加えた混成軌道 sp^3d^2 軌道を作ります。この混成軌道は正八面体の頂点方向を向くことが知られています。

このようにFe^{2+}のsp^3d^2混成軌道と水の非共有電子対の間でできた配位結合がこの錯体を作っているのです。

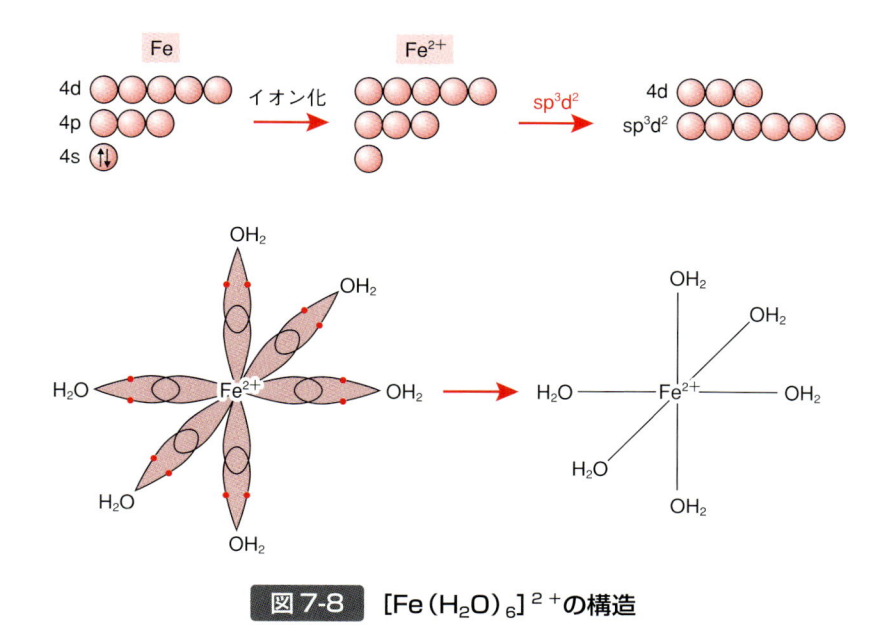

図7-8 $[Fe(H_2O)_6]^{2+}$の構造

4 錯体の結合と形

錯体は有機化合物と金属あるいは金属イオンが構成する構造体です。有機化合物と金属（イオン）の間の結合が実際にどのようになっているかについては、いくつかの説明法があります。本書で取り上げるのは混成軌道による配位結合と結晶場理論ですが、そのほかにも配位子場理論、分子軌道法などがあります。

錯体における現在の化学の興味は、個々の結合がどうなのか、という問題ではなく、錯体全体としての電子状態はどうなのか、という面にあります。そして、その電子状態が錯体の構造、物性、反応性を説明しているのです。

ここで紹介した錯体の構造は基本的なものであり、このほかにも多くの構造があります。同じ金属でもイオンの価数、配位子の種類、個数などによって異なる構造となります。その例を図7-9に示しました。

配位数	構造	代表的な錯体の例
2	直線	$[Ag(NH_3)_2]^+$, $[AuCl_2]^-$, $[Cu(NH_3)_2]^+$
3	平面三角形	$[HgI_3]^-$
4	平面四角形	$[Ni(CN)_4]^{2-}$, $[PtCl_2(NH_3)_2]$
	正四面体	$[FeCl_4]^{2-}$, $[Zn(NH_3)_4]^{2+}$, $[Ni(CO)_4]$
5	三方両錐	$[CuCl_5]^{3-}$, $[Fe(CO)_5]$
6	正八面体	$[Co(NH_3)_6]^{3+}$など多数

図7-9 さまざまな錯体

3. ヘムとクロロフィルの構造

> ここまで、錯体の構造や結合状態をみてきましたが、バイオに関係のある話はあまりありませんでした。しかし、バイオに関係のある話をするためには、その前提条件が必要になります。その前提条件がここで満たされたことになりますので、少しバイオに関係のある話に入ってゆきましょう。

1 ヘムの構造

バイオに関係のある錯体の雄といえば、ヘモグロビンの中で酸素運搬をしているヘムでしょう。ヘムの構造は多くの本に図7-10のようなものが書いてあります。これは中央の鉄にポルフィリンの4個の窒素原子が配位結合した4配位錯体であるようにみえます。

しかし、ヘムの構造には、わかっているようで、その実ハテナ? と思うことがあるのではないでしょうか？

A) 鉄の配位数は？

図7-10に示した構造では、ヘムにおいてFeに配位している原子は4個の窒素原子だけです。しかも、この構造式でみる限り、Feは平面型の4配位構造としかみえません。しかし、バイオの方々ならご存知のとおり、ヘモグロビンの中にあるヘムはタンパク質のヒスチジンと結合し、さらに酸素と結合します。すなわち、ヘムのFeは、酸素と結合したときは6配位であり、空身のときには5配位なのです（図7-11）。

図7-10 ヘムの構造
「ポルフィリン」はFeのない有機物部分のみをいいます。図7-12参照

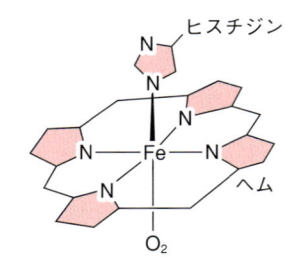

図7-11 鉄は4配位ではない

B) ヘムの構造は？

ヘムは"鉄"と"ポルフィリン"が"結合"した化合物です。しかし、上でみた構造でみる限り、鉄は中性なのか？ イオンなのか？ また、それに対応してポルフィリンの"価数"はどうなっているのか？ このようなことが必ずしも明らかになっていません。まず、このような"化学的に常識的"？ なことから整理していきましょう。

ヘムは中性です。プラスでもマイナスでもありません。それではなぜ中性なのでしょうか？ 鉄はイオンになっているのではないでしょうか？ にもかかわらず、ヘムが中性というのはどういうことなのでしょうか？

ⓐ 鉄の価数は？

ヘムの鉄は中性の鉄原子ではありません。電子2個を失った2価の陽イオン Fe^{2+} になっています。

ⓑ 中性のポルフィリンの構造は？

中性のポルフィリンの構造は図7-12左に示したとおりです。4個のNがありますが、そのうち2個はC=N二重結合を構成しています。このNの混成状態は5章でみたピリジンと同様です。すなわち sp^2 混成で、混成軌道に非共有電子対が入っています。他の2個のNはピロールのNと同様であり、sp^2 混成ですが混成軌道にはHがついています。

ⓒ ヘムを構成するポルフィリンの構造は？

ヘムを構成しているポルフィリンは中性のポルフィリンではありません。−2価のイオン状態です（図7-12右）。それは中性状態で結合していたN−H結合のHが、H^+ として放出されたことに起因します。

このように +2価の Fe^{2+} と −2価の［ポルフィリン］$^{2-}$ が結合しているから全体として中性なのです。

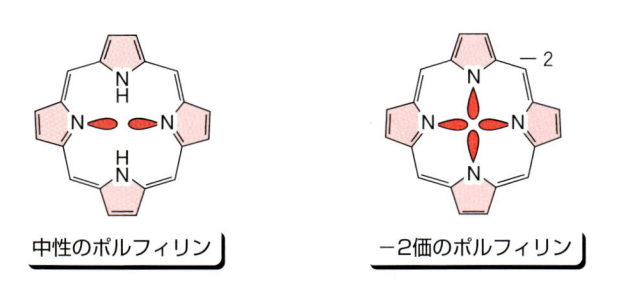

図7-12 ポルフィリンの構造

C) 酸素の授受

鉄は6配位ですが、酸素がついていないときには混成軌道の1個を空軌道のままにしています。酸素は自分の非共有電子対を使って鉄の空軌道と配位結合し、細胞に運ばれてゆくことになります。

2 クロロフィルの構造

クロロフィルの構造は多くの場合、図7-13のようになっています。ヘムと同様に、あたかも平面型の4配位錯体のように書いてあります。しかし、これも実際の構造とは違います。

クロロフィルが実際に植物体の中にあるときには、この平面的な構造の片側にヒスチジンがつき、もう片方にもヒスチジンや水などが配位した6配位錯体となっています。したがって、クロロフィルもヘムと同様に正八面体錯体と考えてよいことになります。

電荷の関係もヘムと同じであり、マグネシウムは+2価のMg^{2+}であり、ポルフィリンは水素2個を外した-2価の状態です。

このようにヘムとクロロフィルは双子のようによく似ているのです。

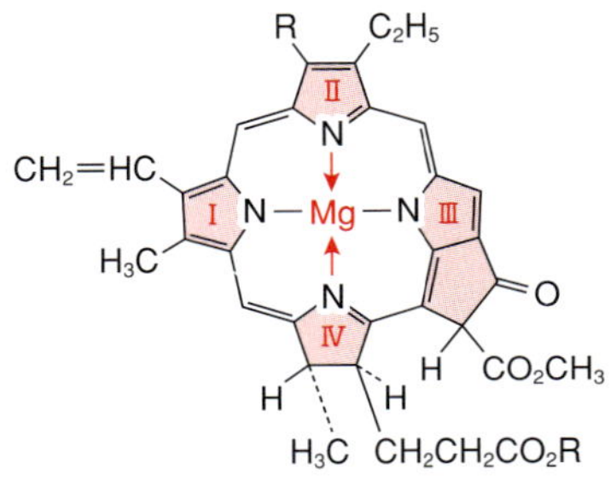

図7-13 クロロフィルの構造

> 第Ⅲ部　7章　配位結合—錯体から学ぶその特性

4. 結晶場理論からみた錯体
—d軌道は分裂する

　錯体の構造を説明する理論に結晶場理論があります。結晶場理論は中心金属と配位子の間に共有結合のような結合を認めません。両者を繋ぐ結合はイオン結合のようなものと考えればよいでしょう。配位子が水のように中性の分子の場合には、金属のプラス電荷と配位子の非共有電子対のマイナス電荷の間の静電引力を考えればよいでしょう。

　とにかく、結晶場理論では結合を重視しません。金属と配位子の相対位置を重視するのです。したがって、「錯体の構造」に重点を置くときには歯切れの悪い理論ですが、錯体の電子状態を考えるときには俄然、実力を発揮する理論です。

1 d軌道の形

　結晶場理論ではd軌道が非常に重要な働きをします。d軌道は全部で5個あり、そのうち4個は四葉のクローバーのような形であり、残り1個はp軌道が鉢巻をしたような形になっています（図7-14）。

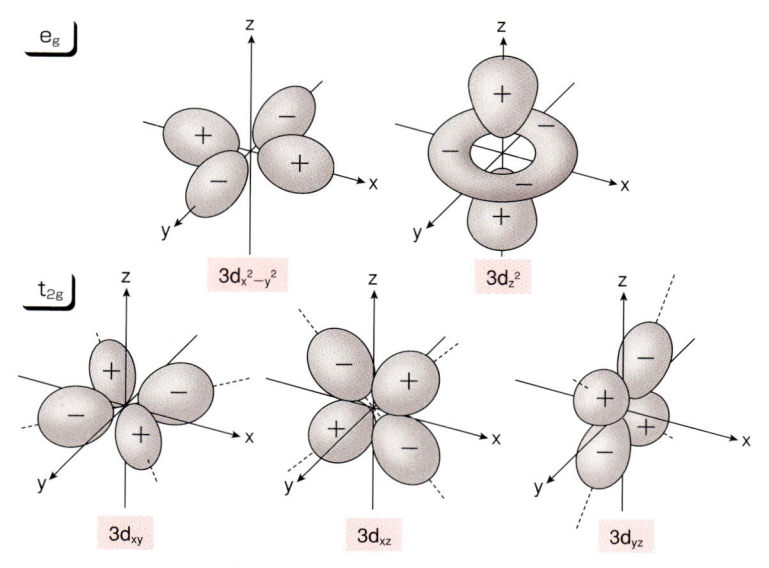

　d軌道は方向によって2種類に分けることができます。d軌道の記号の右下についた添え字を見てください。$d_{x^2-y^2}$、d_{z^2}と直交軸の二乗のついたものと、d_{xy}、d_{yz}、d_{xz}と積のついたものです。前者をe_g軌道、後者をt_{2g}軌道といいます。二乗のついたもの（e_g軌道）は電子雲がその軸の方向を向いています。図を見て確認してください。それに対して積のついたもの（t_{2g}軌道）は、d_{xy}ならxy平面に電子雲があり、軸方向にはありません。

図7-14　d軌道の電子雲

2　d 軌道と配位子の衝突

　金属の周りに配位子が来ると、場合によってはd軌道電子雲と配位子が異常接近します。

A）正八面体錯体

　配位子が6個の正八面体錯体を考えてみましょう。金属を原点に置くと、この6個の配位子はちょうど直交三軸上にあることになります（図7-15左）。この結果、e_g軌道と配位子が衝突します。

　d電子と配位子の非共有電子対が接近すればそのd軌道は不安定化し、エネルギーは上がります。この結果、それまで同じエネルギーで縮重していた5個のd軌道はエネルギーの低いt_{2g}とエネルギーの高いe_g軌道に分裂することになります（図7-16）。

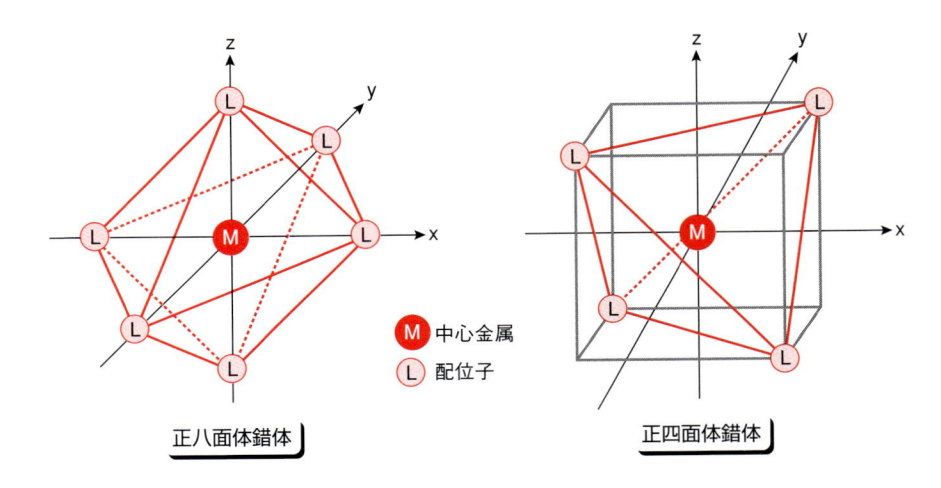

図7-15　中心金属と配位子の位置関係

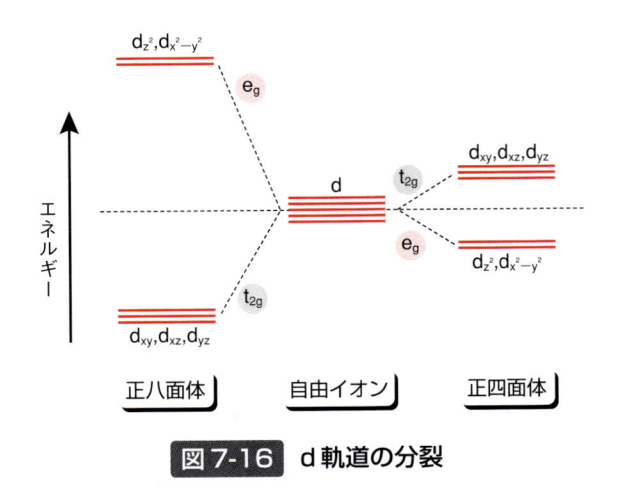

図7-16　d軌道の分裂

B）正四面体錯体

　　配位子が 4 個の正四面体錯体の場合には、図 7-15 右を見ればわかるように、配位子は軸を避けて軸と軸の間に来ます。そのため今度は t_{2g} 軌道が異常接近し、高エネルギーになります。

　　このように結晶場理論で考えると、錯体の構造によって d 軌道のエネルギーがいろいろの様式に分裂することがわかります。

　　この d 軌道のエネルギー分裂が、錯体のいろいろな性質の沸いて出る根源になっているのです。

5. 錯体の電子状態
―磁性や色彩を決めるしくみ

前節で、錯体の中心金属のもつd電子の軌道エネルギーは、錯体の配位数とその構造によって分裂することをみました。ここでは、その分裂の結果どのようなことが起こるのか、錯体の性質がどのような影響を受けるのかについてみていくことにしましょう。

1 分光化学系列

d軌道エネルギーが分裂したときのエネルギー差を分裂エネルギーΔEと呼びます。分裂エネルギーはどれくらいの大きさになるのでしょう？

実際にどれくらいになるかは金属の種類によって異なりますが、その大小の比例関係は配位子によって決まっています。どの配位子が大きく分裂させるかを表した順列を分光化学系列といいます（図7-17）。

$$CO > CN^- > NO_2^- > エチレンジアミン > NH_3 > H_2O > OH^- > F^- > Cl^- > Br^- > I^-$$

大　　　　　　　　　　　　　分裂エネルギー　　　　　　　　　　　　　小

図7-17 分光化学系列

2 鉄のd電子の配置

Fe^{2+}は3d軌道に6個のd電子をもっています。配位子のない自由イオンの状態ではd軌道のエネルギーは縮重しており、すべて同じです。したがってd電子の配置は図7-18左のようになり、不対電子が4個あります。

A）軌道分裂

しかし、正八面体錯体を作ると、安定なt_{2g}軌道と不安定なe_g軌道に分かれます。電子は安定なt_{2g}に入り、図7-18のIの電子配置をとろうとします。しかしそうすると、不対電子がなくなります。1章の電子配置の約束でみたように、電子はできるだけスピン方向をそろえたほうが安定です。すなわちスピン方向の安定化を考えた場合、Ⅱのほうが安定です。

結局、どちらを選択するかはΔEの大きさによることになります。ΔEが大きければ軌道エネルギー面の事情が優先してIになります。しかしΔEが小さければ、スピン方向が優先してⅡになります。

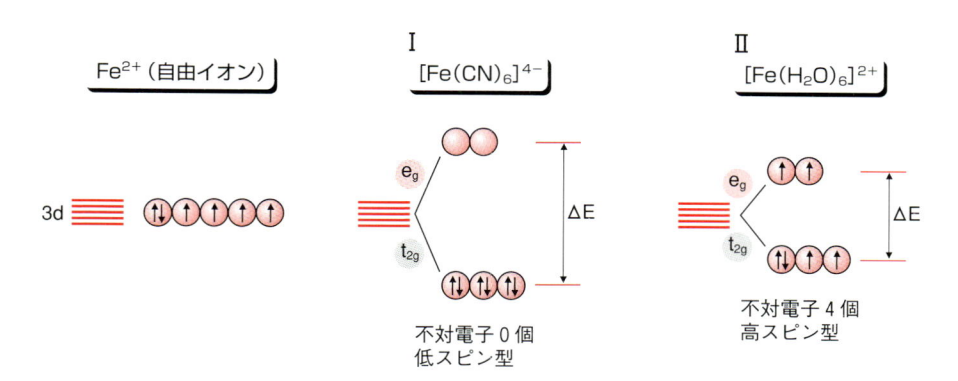

Fe²⁺（自由イオン）　　I [Fe(CN)₆]⁴⁻　　II [Fe(H₂O)₆]²⁺

不対電子 0 個
低スピン型

不対電子 4 個
高スピン型

図 7-18 鉄を含む錯体の電子配置

B）低スピンと高スピン

　ⅠとⅡを比較すると、Ⅱのほうが不対電子が多く、スピンの方向がそろっています。このようにスピン方向のそろう程度が高いほうを高スピン錯体、反対に低いⅠのほうを低スピン錯体といいます。

　実際の例では、分光化学系列で優位な CN^- が配位子の $[Fe(CN)_6]^{4-}$ の場合にはⅠの低スピン錯体となります。反対に、低位な H_2O を配位子とする $[Fe(H_2O)_6]^{2+}$ の場合にはⅡの高スピン錯体となります（図 7-18）。

3 磁性は不対電子の数で決まる

　物質には磁石に吸いついたり、自身が磁石になったりするものがあります。このようなものを磁性体といい、そのような性質のないものを非磁性体といいます。

　磁性は分子がもっている不対電子によります。不対電子がたくさんあれば磁性が強くなります。反対に不対電子をもたなければ磁性もなくなります。したがって、上でみた鉄錯体の場合には、水を配位子とする高スピン錯体 $[Fe(H_2O)_6]^{2+}$ は磁性をもちますが、CN^- を配位子とする低スピン錯体 $[Fe(CN)_6]^{4-}$ は磁性をもたないことになります。

4 色彩は分裂エネルギーの大小で決まる

　多くの物質は色彩をもちますが、それは分子が光を吸収することに起因します。

　6 章 8 節でみたように、HOMO の電子は光（のエネルギー）を吸収して LUMO へ遷移します。鉄錯体の場合には t_{2g} の電子が e_g へ遷移するときに光を吸収します。

　どのようなエネルギーの光を吸収するかは t_{2g} と e_g のエネルギー差 ΔE によります。

A）光の色彩とエネルギー

　白色光である太陽光をプリズムで分光すると虹の七色が現れます。赤＜橙＜黄＜緑＜青＜藍＜紫ですが、これは光の振動数によるものであり、不等号の順に大きくな

っています。

　光のエネルギーは振動数に比例しますので、ΔEが大きければエネルギーの大きい光、すなわち青系統の光を吸収し、ΔEが小さければ赤系統の光を吸収することになります（図7-19）。

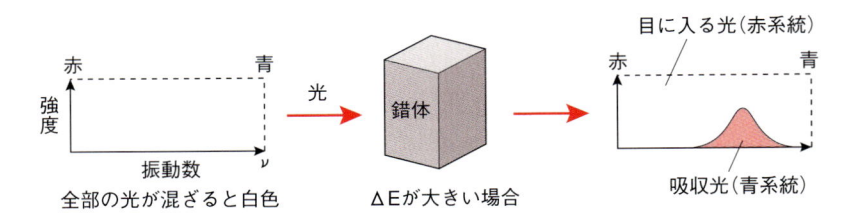

図7-19 目に見える色は分裂エネルギーΔEの大小で決まる

B）吸収光の色彩と発色の色彩

　6章8節でもみたように、物質を光が透過すると、光の一部は吸収され、"残った光"が目に届きます。私たちはこの"残った光"を物質の色と感じるのです。すなわち、物質の"色彩光"と"吸収光"はいわば逆の関係にあるのです。

　この関係を表したのが色相環といわれるものです（図7-20）。色相環において、中心を挟んである色aの反対側にある色bを、aの補色といいます。同様にaはbの補色です。そして、白色光からある色aの光を吸収すると残りの光はb色に見えるのです。

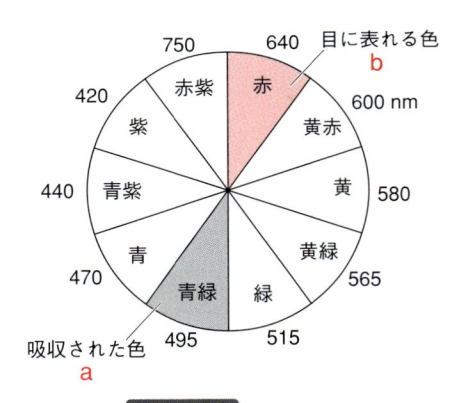

図7-20 色相環

C）錯体の色

　したがって分光化学系列で上位の配位子をもつ錯体はΔEが大きいので青色系統を吸収し、色は赤系統に見えることになります。反対に低位の配位子をもつ場合には赤系統の光を吸収するので、青系統に見えることになります。水を配位子とする[Fe(H$_2$O)$_6$]$^{2+}$は青色に見えることが知られています。

第Ⅲ部　分子間力を化学的に捉えてみよう

8章

分子間力
——高次の分子を作る立役者

　生体における分子は1個で孤立して機能することはほとんどありません。多くの場合、いくつかの分子が協調して複雑な機能を発揮します。このようなとき、分子間にはある種の引力が働いています。前章でみた配位結合もこのような力の一種ということができるでしょう。配位結合はその名前のとおり、共有結合と同じ強さをもつ、完全な結合です。

　しかし多くの場合、分子間に働く引力は弱いものであり、結合というには弱すぎます。そのため、特に分子間力といいます。分子間力はある意味でバイオにとって最も大切な力ということができるでしょう。

　分子間力は分子間に働くだけではありません。タンパク質やDNAなど大きな分子では、分子内の離れた置換基の間に分子間力が働き、分子に特有の立体構造を与え、さらにその構造を維持する作用があります。

　ここではこのような分子間力についてみてゆくことにしましょう。

第Ⅲ部　8章　分子間力—高次の分子を作る立役者

1. 水素結合
—水分子はなぜ会合するのか？

> 分子間力のなかで最もよく知られているのが水素結合でしょう。水素結合は水分子の間に働く引力として有名ですが、水素結合は水分子の間だけで働くものではなく、また関与する原子もO、Hに限るものではありません。

1 水分子の構造

水素結合について知るためには水の構造を知らなければなりません。水は2本のO−H結合からなる分子です。酸素の電気陰性度は3.5、水素は2.1です。したがってO−H結合電子はOに引き寄せられるため、Oがマイナス、Hがプラスに荷電した極性構造となっています（図8-1）。

この結果、プラスの水素とマイナスの酸素の間に働く静電引力が水素結合である、といってしまえばそれで終わりになりそうですが、実は、水素結合はもう少し立体的です。

水の構造は4章7節でみたとおりです。酸素はsp^3混成であり、2個の混成軌道には非共有電子対が入っています。非共有電子対は電子ですから、もちろんマイナスに帯電しています。すなわち、酸素のマイナス電荷は、酸素全体が漠然ともっているのではなく、非共有電子対の方向、すなわち、O−H結合に対して正四面体の頂点方向に向いている、とみるべきなのです。酸素のマイナス電荷の方向性が端的に出た水素結合が氷の水素結合です。

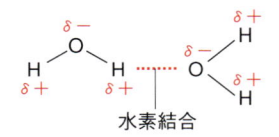

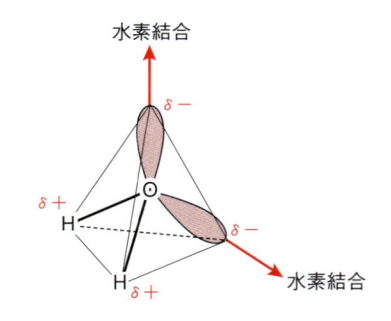

図8-1 水分子の構造

2 水分子の水素結合

水分子の水素結合の典型的な例として、氷における水素結合と水の会合体における水素結合があります。

A）氷の結晶

氷は水の結晶であり、水分子が三次元にわたって整然と積み重なったものです。その結合状態は図8-2に示したとおりです。すなわち、1個の水分子は他の4個の水分

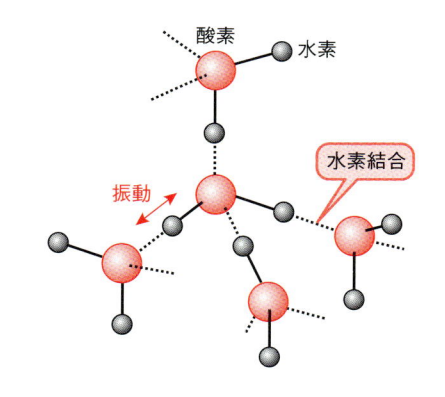

図 8-2 水素結合が氷の結晶を作る

子と水素結合し、その結果 2 本の共有結合による O－H 結合と、2 本の水素結合による O－H 結合は正四面体の頂点方向を向いているのです。すなわち、水素結合は非共有電子対の方向に出ているのです（図 8-1）。

氷の場合にはこれら 2 種類 4 本の O－H 結合は伸縮振動していますので、結局どれがどの結合だかわからなくなり、O－H－O 結合はすべて等しい長さになっています。

B) 水の会合体

液体の水は、孤立した水分子の集合体ではありません。むしろ、氷の破片の集合と考えるべきものです。この"破片"を会合体といいます。会合体の大きさは水の分子運動の激しさによります。すなわち、低温では多くの水分子が集まり、高温では集合は小さくなります。しかし、沸騰状態でも水分子は会合している（水素結合を形成している）と考えられます。

C) 会合と沸点

沸騰は液体の分子が他の分子との間の分子間力を振り切って、空中に飛び出す現象です。したがって沸点は分子間力の大きさを測る目安になります。このことは次項でみることにします。

分子間力が同じような分子では、分子量の大きさが沸点を左右します。すなわち、重い分子は飛び上がるのに大変で、沸点も高くなります。図 8-3 はアルカンの沸点です。温度とよい比例関係にあることがわかります。そして C7、すなわち C_7H_{16}、分子量 = 100 で沸点がほぼ 100 ℃ になっています。

このグラフに水のデータ、すなわち分子量 = 18、沸点 = 100 ℃ を入れると、アルカンのグラフから大きく外れることがわかります。水とアルカンでは分子間力が違いますから、簡単な比較はできませんが、もし分子間力が等しいならば、水の見かけの分子量は約 100、すなわち 5 分子会合ということになります。しかもこれは沸騰状態の水の会合です。

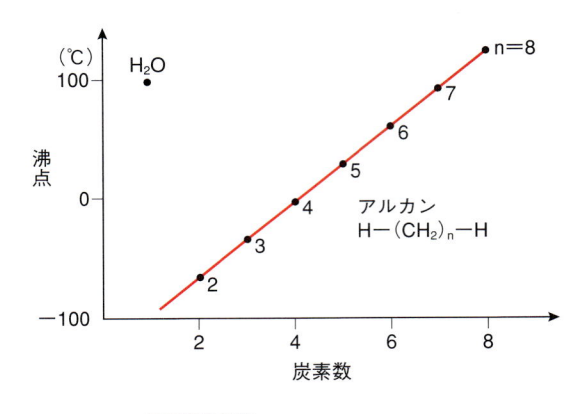

図8-3 アルカンの沸点

3 水以外に働く水素結合

水素結合はO-H結合の間にだけ働くものではありません。どのような元素Xであれ、X-H結合を作り、しかもXとHの間で電気陰性度に有意の違いがあればすべて水素結合X-H……X-Hができる可能性があります。

図8-4はいろいろな原子とHで作った分子の沸点を表したものです。縦軸は沸点です。横軸の数字は周期表における周期を表します。最も左側のO、F、N、Cは第2周期元素です。直線で結んだ元素は互いに同族を表します。最上部のO、S、Se、Teはいずれも16族元素です。

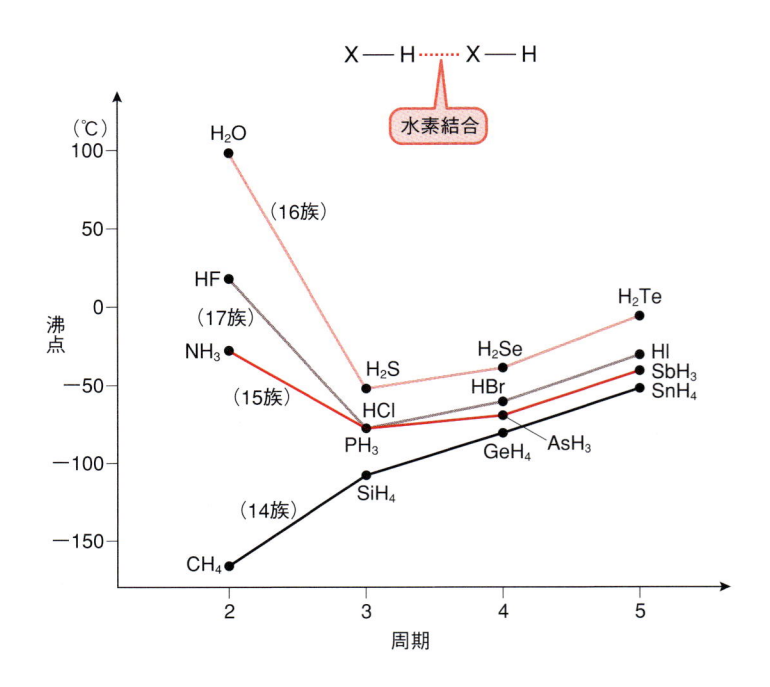

図8-4 原子とHで作った分子の沸点

14族元素はイオンにならないので水素結合を作りません。そのため、沸点は原子量の順に上昇しています。沸点が最も大きく傾向からはずれているのは第2周期の元素です。これはこの元素の電気陰性度が互いに最も大きく異なっていることを反映しています。しかし、水素結合がもし電気陰性度だけに起因するものならば、沸点はF＞O＞N＞Cになるはずですが、実際にはFとOが逆転しています。これは、酸素の電荷が方向性をもっているため、結合に有利に働いているからなのです。

2. ファンデルワールス力
――いつでも何処でも起こりうる引力

　結合分極の強さは、結合する2個の原子間電気陰性度の差に依存します。水素の電気陰性度2.1に対して窒素（3.0）、酸素（3.5）、フッ素（4.0）など、電気陰性度の大きい原子が結合した場合には、大きな結合分極が生じます。そして、このような電荷に基づく引力は水素結合として扱われます。

　しかし、分子間力には電気的にほぼ中性の分子間に働くものもあります。このようなもので最も知られているのは、発見者の名前を取って命名されたファンデルワールス力でしょう。ファンデルワールス力は複合的な引力で、3つの成分に分けて考えることができます。そのうち、完全に中性の分子間に働くものは分散力といわれるものです。

　ファンデルワールス力は分子間距離の6乗に反比例します。すなわち、原子が離れると急速に力を失います。

1　電荷－電荷間引力

　極性分子の間に働く力です。水素結合ほど強いものでなくても、プラスの電荷とマイナスの電荷の間には静電引力が働きます（図8-5）。

　異なる原子は電気陰性度も異なります。電気陰性度が異なれば結合分極が生じます。結合分極が生じれば静電引力が生じます。このような簡単な三段論法によって等核二原子分子（水素分子のように同じ原子が結合した分子）同士以外の分子間には必ず静電引力が働きます。それはDNAでもタンパク質でも同じことです。これがファンデルワールス力の第1の成分です。

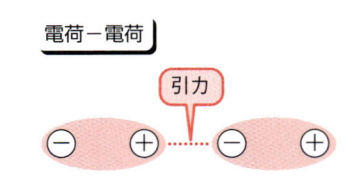

図8-5 極性分子の間に働く引力

2　電荷－誘起電荷間引力

　極性分子と非極性分子の間に働く力です。電子雲は雲のようなもので、フワフワと漂っているようなものです。風が吹けば形を変える雲と同じです。

　このような電子雲をもった中性分子の隣に極性分子が来たとしましょう。中性分子の電子雲は極性分子に引き寄せられます。その結果、中性分子に一時的な電荷が現れることになります。このような電荷を誘起電荷といいます（図8-6）。

　この結果、極性分子と中性分子は、電荷間の静電引力によって引き合うことになります。これがファンデルワールス力の第2の成分です。

図 8-6 極性分子と中性分子の間に働く引力
図ではわかりやすいように、中性の分子ではなく原子で示しています

3 分散力

　考えやすいように原子を考えてみましょう。マイナスに荷電した電子雲の中心にはプラスに荷電した原子核があります。この原子核が電子雲の中心にあれば、原子はどの部分をとっても中性でしょう。

　しかし、電子雲は漂います。瞬間的に原子核が電子雲の中心からずれることはいくらでもあるでしょう。そうなったらどうなるでしょう。中性だった原子にプラスの部分とマイナスの部分、すなわち、電荷が現れます。するとその隣の原子の電子雲はどうなるでしょう？　前項でみたように誘起電荷が現れます。

　このように、1個の原子上にたまたま現れた電荷はさざなみのように近傍の原子に伝わり、それらの原子の間に引力が現れます（図 8-7）。これが分散力といわれるもので、ファンデルワールス力の第3の成分です。

　分散力は瞬間的な力で、泡のように発現したと思うと次の瞬間には消えてしまいますが、集団全体を考えれば常にどこかに発生している力であり、ファンデルワールス力のなかでも最強といわれています。

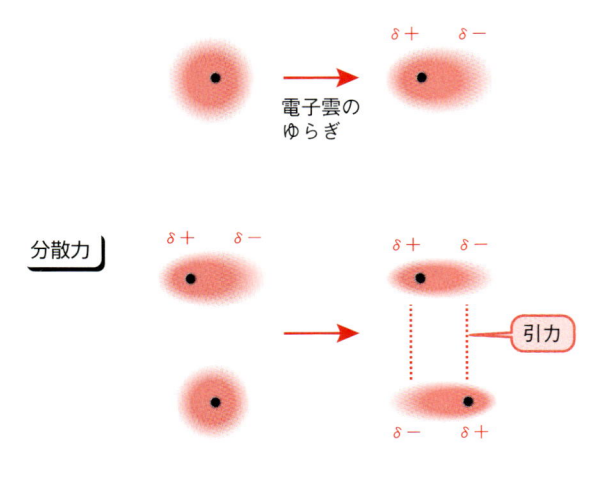

図 8-7 中性分子の間に働く引力

3. ππスタッキング
―芳香環も互いに引き合う

> ππスタッキングは2個の芳香環の間に働く引力です。芳香環はバイオ関係の分子にもたくさん入っています。そのため、分子間だけでなく、タンパク質などの大きな分子では部分間で引力となって働きます。水素結合やファンデルワールス力のほかにも、このような引力が分子の立体構造の決定、維持に重要な役割を果たしているのです。

1 芳香環の電子構造

芳香環の電子構造は5章2節でみたところですが、芳香環全体に広がる大きな電子雲があります。この電子雲は炭素でできた環状構造の上に広がるだけではありません。環の内部をも覆ってしまいます。したがって、ベンゼン環はドーナツのように見えますが、実は内部の穴は電子雲で埋まっているのです。そのため、ベンゼン環を分子が通り抜けることはできません。

この結果、芳香環の内部は電子雲によってマイナスに荷電することになります。そしてその分、環の外部に結合している水素原子がプラスに荷電しています。そのため、芳香環はマイナスの円盤をプラスの環が囲んでいるような状態になります（図8-8）。

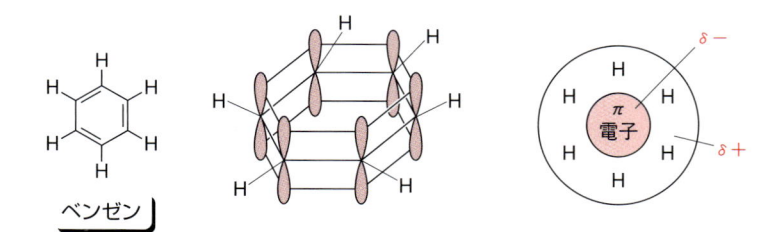

図8-8 ベンゼンの電子構造

2 ππスタッキング

このような芳香環の間に働く静電引力がππスタッキングといわれるものです。したがって、ππスタッキングには2つの方向性があります。

A）直交型

1つは、芳香環の中心にあるマイナス電荷と芳香環の周りのプラス電荷の間の引力です。

このような引力が有効に働くためには、2つの芳香環が互いに直交する、要するに1つのベンゼン環が他のベンゼン環の中心を刺し貫く形に配置することです（図8-9A）。実際にベンゼンの結晶では、ベンゼン環がこのような配置をとっていることが知られています。

B）平行型

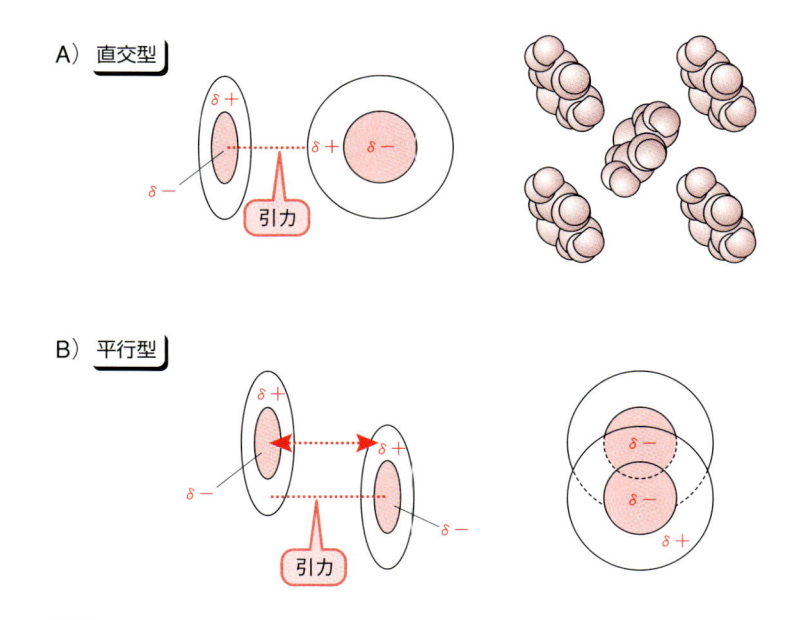

　もう1つは2個の芳香環が平行になって重なるものです。うまい具合に中心をずらして重なると、中心部のマイナス電荷と周辺部のプラス電荷が重なって静電引力が生じることになります（図8-9B）。分子内で働くππスタッキングはこの形式のものが多いようです。

図8-9 ππスタッキングの2つのタイプ
右上図：『材料有機化学』（朝倉書店）、2002、p.13、図1.3をもとに作成

第Ⅲ部　8章　分子間力──高次の分子を作る立役者

4. 電荷移動相互作用
──分子間のイオン結合

> 電荷移動相互作用はイオン結合と考えることができます。分子間のイオン結合です。塩化ナトリウムNaClはイオン結合の典型です。NaClはNaからClに電子が移動し、その結果生じたNa$^+$とCl$^-$の間の静電引力でできた分子と考えることができます。

1 電荷移動相互作用とは

　電荷移動相互作用をする2個の分子D、Aはイオン結合のNaClと同じ関係にあります。すなわち、DからAに電子が移動するのです。その結果、Dは電子を失って陽イオンD$^+$になり、Aは電子を受け取ってA$^-$になります。

　Dを電子供与体（electron donar）、Aを電子受容体（electron acceptor）といいます。そして、このようにして生じた陽イオンD$^+$と陰イオンA$^-$の間には静電引力が働きます。このような引力を、電荷移動相互作用といいます。

2 電荷移動錯体

　電荷移動相互作用によって結合した分子の組を電荷移動錯体といいます。代表的な例は、有機超伝導体の模範的な例として知られるTTF（D）とTCNQ（A）の例です（図8-10）。

A）電子受容体になりやすいもの

　電荷移動錯体で、電子受容体Aとなるものは電子を受け入れた後に、陰イオンとして安定できるものです。そのようなものとして強力な電子求引性置換基をもったものが考えられます。TCNQは電子求引基であるニトリル基CNを4個ももっています。

図8-10 電荷移動錯体の例

図8-11 TTFは電子を放出して安定化する

B）電子供与体になりやすいもの

　一方、電子供与体となるものは電子を放出した後で陽イオンとして安定できる分子です。TTFは2個の5員環が二重結合で結ばれた化合物です。イオウSには非共有電子対が存在することを考えると、Sを2個もつ5員環部分にはπ電子が7個あることになります（図8-11）。この5員環部分が安定化するためには電子を1個放出して、6π電子系になることです。すなわち、この5員環部分には電子1個を放出しようという潜在的な性質があることになります。分子全体としては2個の電子を放出することになります。

C）生体での電荷移動錯体

　電荷移動錯体は電子を放出しやすい分子と、電子を受け入れやすい分子が存在すればどこにでも生成する可能性があります。カルボニル基C=O、ニトリル基C≡N、カルボキシル基COOHなどをもった分子は電子受容性があります。一方、非共有電子対をもった置換基、OH、NH_2などをもった分子は電子を供与する性質があります。

　このような分子はバイオの分野でも活躍しています。これらの分子の間では電荷移動相互作用が働いている可能性が充分にあるといえるでしょう。

■ 分子間力の強度　Column

　分子間力にはいろいろの種類がありますが、その結合エネルギーはどうなっているのでしょうか？

　結合エネルギーの大きさは3章の図3-12にまとめたとおりです。この図からわかるように、「分子間力」のエネルギーは、共有結合やイオン結合などの、いわゆる「結合」のもつ結合エネルギーに比べると非常に小さいことがわかります。

　分子間力の強さは、例えば同じ水素結合でも原子の種類や状態によって変わるので一概に比較するのは困難です。しかし一般的にいえば、弱い部類に入るファンデルワールス力で数kJ～20 kJ/mol、強い部類に入る水素結合で10～40 kJ/mol程度と見積もられています。これは共有結合で最も弱いといわれるLi−Li結合（99 kJ/mol）の半分にも足りませんし、C−C結合（348 kJ/mol）の1/10に過ぎないということは頭にとどめておいてよいことでしょう。

第Ⅲ部　8章　分子間力—高次の分子を作る立役者

5. 疎水性相互作用
—分子膜、細胞膜を構成する引力

疎水性相互作用は、引力といってよいかどうか迷う"引力"です。そのため、相互作用ということにしておきましょう。

1 疎水性相互作用

疎水性相互作用は端的にいえば満員電車で、仕方なく隣の人とクッツイテイル状態です。"結合などとはイワナイデクレー"と言いたくなるような力かもしれません。

水と油は混じりません。それを承知で水の中に一滴の油を入れてみましょう。

もし油1分子が1分子ずつバラバラになったら、各油分子は水に取り囲まれることになります。そのような不幸な目に遭わないためには、油滴になって集団を作ることです。

図8-12は、このようにして作った油滴とそれを取り巻く水分子の関係を模式的に示したものです。油滴の外側の油分子は、いわば犠牲になって水と接触しますが、その内側の油分子は水に接触しないで済みます。

この結果、油滴の内側にある油分子には外側から押す力が働くことになります。この力を疎水性相互作用というのです。いわば、オシクラマンジュウ的な、他人任せの受動的な力といえるでしょう。しかし、疎水性相互作用は細胞膜を作る力として、生体の最も基本的なところで、押しも押されもしない機能を担っているのです。

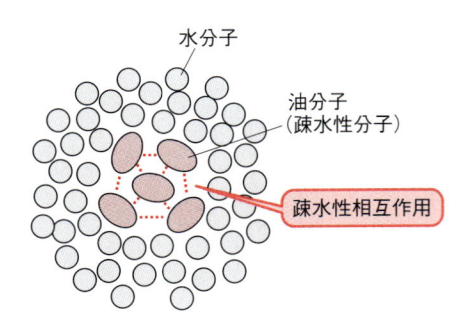

図8-12　疎水性相互作用の例

第Ⅲ部　分子間力を化学的に捉えてみよう

9章

超分子
——DNA、タンパク質を化学する

　原子が集まってできた構造体を分子といいます。分子も集まって分子間力で結合します。分子が集まって作った高次構造体を超分子といいます。高分子も分子が集まってできた構造体の一種ですが、高分子と超分子には明確な違いがあります。それは、高分子は分子が共有結合で結合したものですが、超分子では共有結合で結合していないということです。

　安息香酸はカルボキシル基をもっています。2個の安息香酸はカルボキシル基の間に働く水素結合によって結合します。このようなものを二量体といいますが、二量体は典型的な超分子ということができます。ベンゼンのメタ位に2個のカルボキシル基をつけたものは、各々のカルボキシル基で水素結合を作り、結局6個の分子が環状構造を作ります。このようになると超分子という高次構造体の意味がみえてくるのではないでしょうか？

　超分子にはいろいろの種類があります。今みた例では、2個、6個の分子が超分子を作った例です。無限大個の分子が作った超分子もあります。シャボン玉の分子膜です。分子膜は細胞膜と同義語のような関係にあります。

　超分子には複数種類の分子でできたものもあります。7章でみた錯体はこのようなものの例になります。

　生体には超分子の例がたくさんあります。タンパク質、酵素、DNA、みな超分子です。これら超分子を含め、生体を構成する分子はみな相互作用してつながっています。そういった意味では、生体全体が超分子として高次構造体を作っているといえるのかもしれません。生体は超分子が集まって作った超超分子なのかもしれません。

| 第Ⅲ部　9章　超分子 ─ DNA、タンパク質を化学する |

1. 分子膜のしくみ
─細胞膜はなぜ流動的なのか

> 分子膜は無限大ともいえるほど多くの分子が集まって作った超分子です。分子膜はシャボン玉になって子どもの夢を育て、細胞膜になって命を養います。

1 分子膜を作る分子

　分子膜とは、多くの分子が膜状に集った分子集合体です。どのような分子でも分子膜を作ることができるわけではありません。分子膜を作る分子は図9-1に示したような分子です。特徴はアルキル基でできた長い鎖部分と、イオン性の官能基部分をもっていることです。

セッケン（脂肪酸ナトリウム）
$CH_3-CH_2-CH_2 \cdots\cdots CH_2-\overset{\overset{O}{\|}}{C}-O^-Na^+$

リン脂質
$CH_3-CH_2-CH_2 \cdots\cdots CH_2-COO-CH_2$
$CH_3-CH_2-CH_2 \cdots\cdots CH_2-COO-CH-CH_2-O-PO_3H_2$

疎水性部分　　　親水性部分

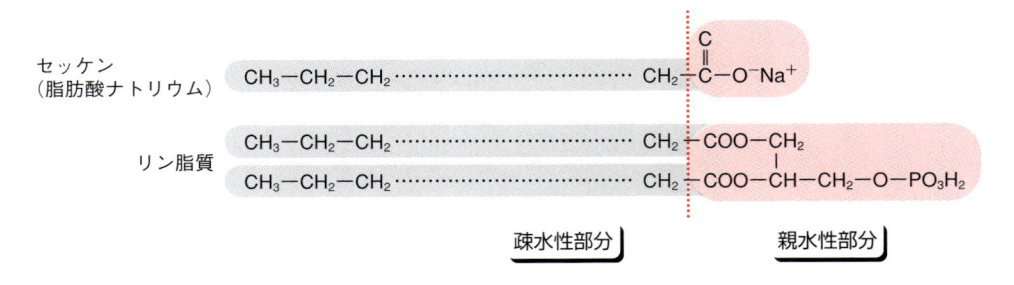

図9-1　分子膜を作る分子の例

A）両親媒性分子

　アルキル基部分は油に溶けますが水には溶けないので、疎水性部分といわれます。また、官能基部分は油に溶けず水に溶けるので、親水性部分といわれます。このように1つの分子で、親水性、疎水性、両方の部分をもった分子を両親媒性分子といいます。このような分子が分子膜を作るのです。

B）溶媒和、水和

　少し分子膜の話から脱線しますが、物質が溶媒に溶けるとはどのような状態をいうのでしょうか？　溶けるとは、物質が1分子ずつにバラバラになり、まわりを溶媒分子で囲まれることをいいます。このような状態を一般に溶媒和といい、溶媒が水の場合には特に水和といいます。

　水和の場合には溶媒の水分子と溶質の間には水素結合が認められます。それに対して一般の溶媒和の場合には両者を結びつけるのは、主にファンデルワールス力になります。

食塩 NaCl が水に溶けるのは Na$^+$、Cl$^-$ というイオンが水素結合を作るからであり（図 9-2）、砂糖が溶けるのは分子内に OH 基がたくさんあり、これが水と水素結合を作るからです。

図 9-2 NaCl の水和

2 分子膜を作る力

分子膜を作る分子は、分子同士が結合しているわけではありません。弱い分子間力で引き合っているだけです。このような分子間力のうち、アルキル鎖部分に働く力にはファンデルワールス力と疎水性相互作用があります。また、親水基部分にはイオン性引力の部分を中心にしたファンデルワールス力が働いています（図 9-3）。

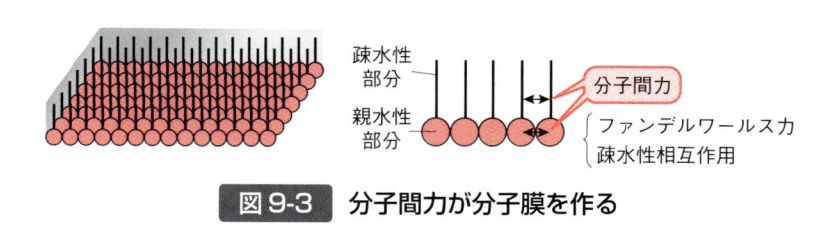

図 9-3 分子間力が分子膜を作る

3 分子膜のダイナミズム

分子膜の特徴はその流動性、ダイナミズムにあります。分子膜を構成する分子は並んでいるだけで結合しているのではありません。したがってかなり自由に移動できます。移動できるのは分子膜の中だけではありません。分子膜から離脱することも、また復帰することも可能です。

両親媒性分子を溶かした溶液中には界面の分子膜、溶液内のミセル、自由分子状態のモノマーが平衡状態にあります。すなわち分子は、あるときには分子膜、次には自由分子、次にはミセルと、3 つの状態を自由に行き来しているのです（図 9-4）。

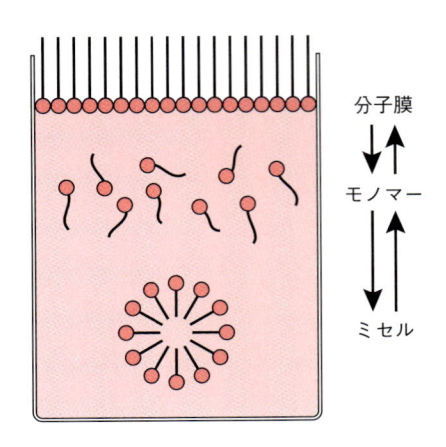

図9-4 分子膜は流動的

4 細胞膜

　細胞膜は分子膜が2枚、疎水基部分を接するようにして重なった構造です（図9-5）。ただし、分子膜を作る分子はリン脂質で、親水基1個に対してアルキル基が2個ついています。

　細胞膜にはタンパク質や糖、コレステロールなど多くの物質が存在します。しかし、これはみな細胞膜を構成する分子の間に挟み込まれたものであり、南氷洋を漂流する氷山のように動きまわります。それだけでなく、膜融合によって他の細胞へ移動する場合もあります。このような細胞膜の柔軟さ、ダイナミズムが生命の柔軟さとダイナミズムに結びついているのでしょう。

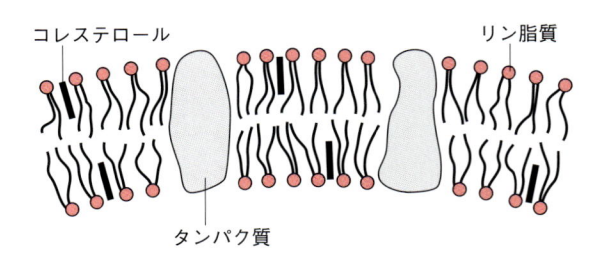

図9-5 細胞膜の構造

第Ⅲ部　9章　超分子 — DNA、タンパク質を化学する

2. タンパク質の立体構造

タンパク質はアミノ酸がアミド結合（ペプチド結合）したポリペプチドの一種ですが、ポリペプチドがタンパク質といわれるためには再現性のある特有の立体構造をとる必要があります。この立体構造の形成と保持に寄与しているのが分子間力なのです。

1 立体構造を作るもの

タンパク質の立体構造は $α$ ヘリックスと $β$ シートを単位構造として組み立てられています。

A) 立体構造を作る分子間力

タンパク質の立体構造はいろいろの分子間力によって作られますが、主な引力は水素結合です。すなわち、アミノ酸残基のアミノ基 NH_2 の水素とカルボキシル基 $COOH$ のカルボニル基 $C=O$ の間の水素結合です。しかし、このような水素結合を作ることのできる組み合わせは、図9-6に示したようにほかにもあります。

長いポリペプチド鎖の特定アミノ酸残基部分が水素結合によって引きつけられれば、その周囲のアミノ酸残基の間にはファンデルワールス力が働くことになり、さらに強固に固定されることになります。

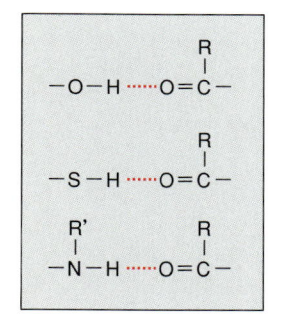

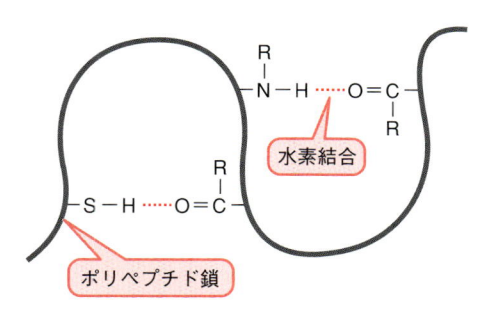

図9-6　タンパク質中で働く水素結合

B) $α$ ヘリックス

ポリペプチド鎖がらせん状になった部分を $α$ ヘリックスといいます。一般にメチオニン、アラニン、ロイシン、リシン、グルタミン酸などを含むと $α$ ヘリックス構造をとりやすくなります。$α$ ヘリックスではアミノ酸4残基ごとに、アミノ基の N–H とカルボキシル基の C=O との間で水素結合が形成されていることが知られています（図9-7左）。

αヘリックス　βシート

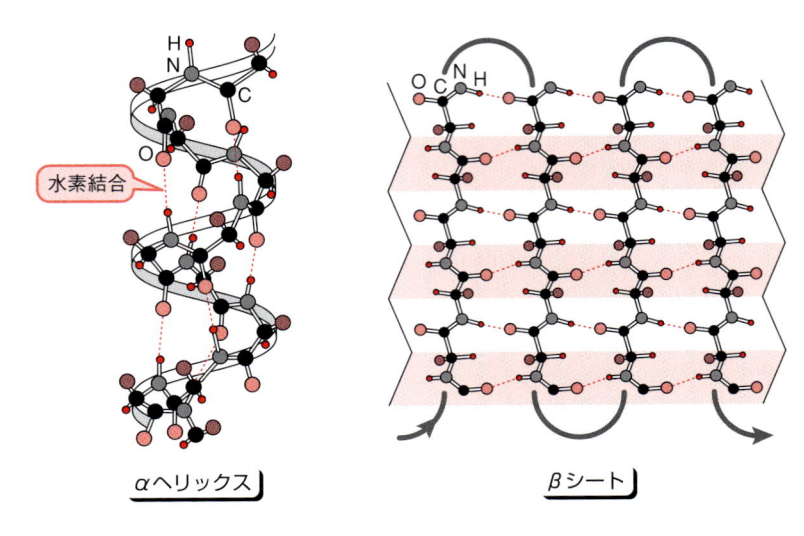

図9-7　αヘリックスとβシート

C) βシート

　　長いポリペプチド鎖も平面上に折りたためば平面構造になります。このような構造をβシートといいます（図9-7右）。βシートもアミノ基のN−Hとカルボキシル基のC=Oの間で水素結合を形成しています。

D) 高次構造

　　タンパク質ではαヘリックス構造とβシート構造が組み合わさって複雑な立体構造を形成しています。このようなものとしてミオグロビンの例を図9-8に示しておきました。さらにヘモグロビンなどでは、このようにしてできたタンパク質がさらに複数個会合して、機能性のあるタンパク質会合体を形成しています。このような構造をタンパク質の高次構造といいます。

　　このような高次構造を作るのも分子間力になります。水素結合、ファンデルワールス力、ππスタッキング、疎水性相互作用などが複雑に組み合わさってこのような高次構造が形成、維持されているのです。

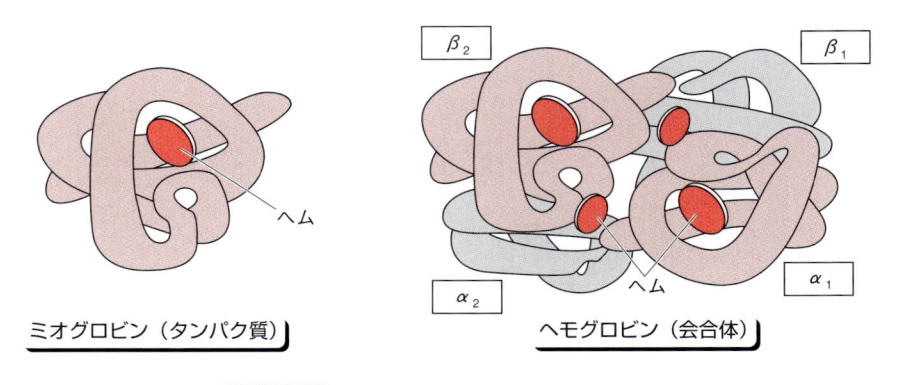

ミオグロビン（タンパク質）　　ヘモグロビン（会合体）

図9-8　タンパク質とその会合体の例

第Ⅲ部　9章　超分子──DNA、タンパク質を化学する

3. DNA の構造
── AとT、CとGが組み合わさる理由

> DNA の二重らせん構造は、2個の DNA 分子が組み合わさって作り上げられたものです。これは、水素結合やファンデルワールス力という分子間力でできた構造体であり、超分子のモデルケースといってもよいようなものです。

1 DNA の塩基をつなぐ水素結合

　DNA は4種の塩基 ATGC などからできた超分子です。そして DNA の二本鎖の複製、修復、あらゆる場で重要な働きをするのが A–T、G–C の組み合わせです（図9-9）。この組み合わせは何によって識別されているのでしょうか？

　それは塩基の間の水素結合です。図9-10A に水素結合の様子を示しました。A–T、G–C いずれの組み合わせの場合にも互いにぴったりの位置に置換基があり、緊密な水素結合ができることがわかります。

　それでは、これ以外の、間違った組み合わせの場合にはどうなるのでしょう？　その仮想的な位置関係の一部を図9-10B に示しました。A–G の組み合わせでは原子間の距離が短すぎ、引力ではなく反発力が働いてしまいます。また、T–C では遠すぎて水素結合が成立しませんし、A–C では水素結合が成立する関係ではありません。

　このように4種の塩基の間には、水素結合が有効に成立するものと、成立しないものがあるのです。DNA が複製する際には、解離した一本鎖 DNA のそれぞれに、水素結合を手がかりにして新しいヌクレオチドがやってきます。そして、そのヌクレオチドを構成する塩基が正しく水素結合を形成することによって、各々の鎖をもとにして新しい DNA の二重らせんが2組できあがることになります。

　これは遺伝という深遠な生命の営みが、水素結合というきわめて簡単にして明白な結合によって成り立っていることを示すものです。

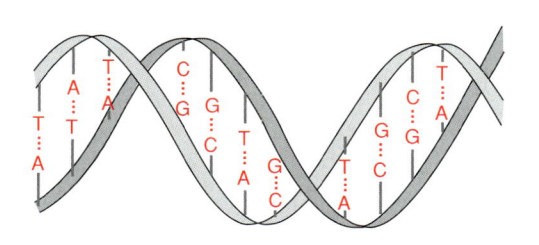

図9-9　塩基が DNA 鎖をつなぐ

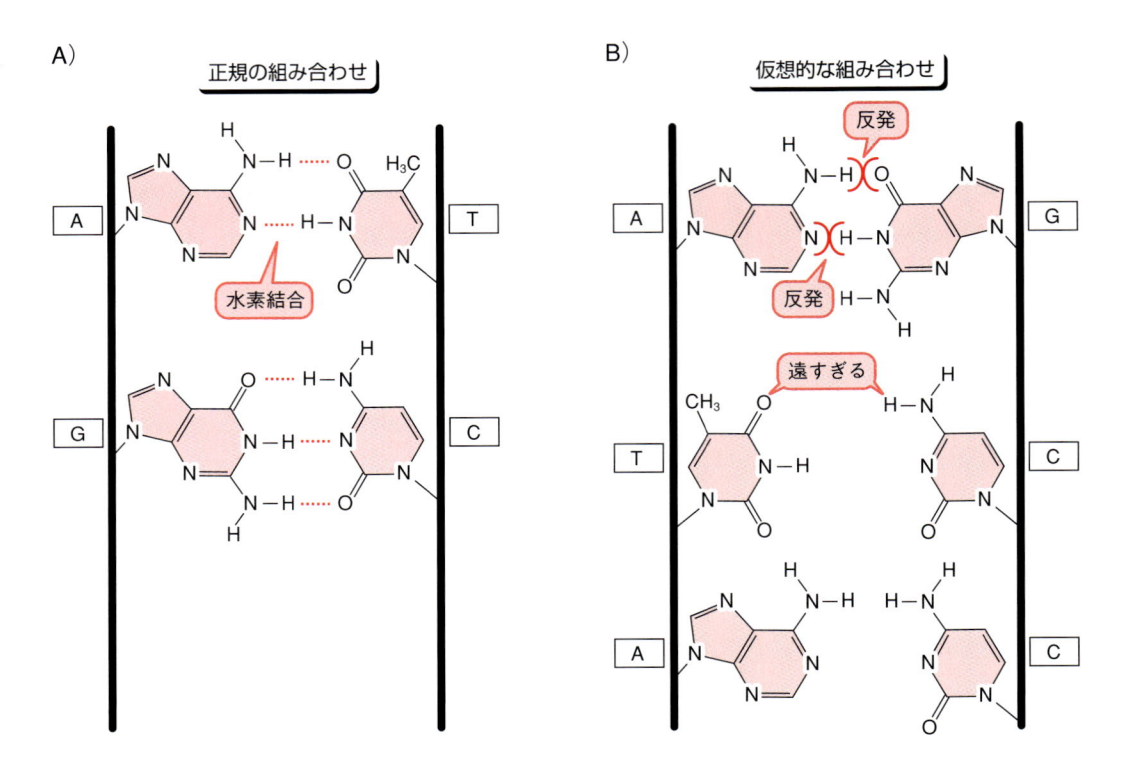

図9-10 水素結合を作る塩基のペアは決まっている

第Ⅲ部　9章　超分子──DNA、タンパク質を化学する

4. 超分子構造を変化させるもの
──pH、温度、濃度

　超分子構造を作り、支えるものは分子間力です。先にみたように、結合エネルギーでみる限り、分子間力は非常に弱い力です。ということは条件が変わると分子間力は消滅することもあることを意味します。

　タンパク質で分子間力が消滅したら、タンパク質の立体構造が変化することを意味します。タンパク質の立体構造が変化したら、タンパク質の生理的機能が喪失します。場合によっては生体にとって致命的な結果になりかねません。

　DNAで水素結合が消失したら恐ろしいことになるでしょう。DNAのほんの一部でそのようなことが起こったとしても、遺伝に致命的な欠陥が生じかねません。

1　分子膜と温度

　分子膜を作るのは両親媒性分子ですが、その構造はモノマー（単量体）でいるときと、分子膜でいるときでは構造が違います。すなわち、モノマーのときには疎水性部分（アルキル基）は自由に折れ曲がった、いわばグニャグニャな状態です。しかし、分子膜状態になるとアルキル基はピンと伸びて剛直な状態になります（図9-11左）。

　しかし、温度を上げると分子運動が激しくなり、分子膜は少しずつ柔軟性を増し、そしてある温度 T_c に達すると急に分子はグニャグニャの状態になり、分子の移動度も大きくなります。この温度をクラフト温度といいます。クラフト温度は両親媒性分子によっていろいろですが、低いものでは0℃以下のものもあります。

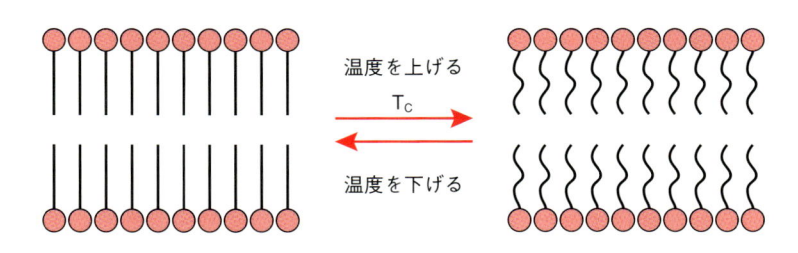

図9-11　分子膜は温度で変化する

2　分子膜とpH

　細胞膜は分子膜が2枚重なったものですが、分子膜はお菓子のパイやミルフィーユのように何枚でも重なることができます。

　このような分子膜において、電離して親水基がマイナスになる両親媒性分子ででき

た分子膜を考えてみましょう。図9-12の①の状態です。この分子膜をクラフト温度に加熱すると分子膜は柔軟になり、②の状態になります。多少の透過性は出てきますが、有機物の通過を許すほどのものではありません。この分子膜の入った溶液を酸性にしてみましょう。親水基のマイナスイオンはH^+によって中和され、中性となります。しかし③に示したようにH^+は中に入れませんので、中和される分子は外側の一層だけです。

　この状態の分子膜をクラフト温度に加熱しましょう。H^+は重なった分子膜の内部に入り込むことができ、内部の分子まで中和されます。その結果、④のように分子膜は崩れ、分子が通過できるようになり、その物理的な運動によってさらに破壊される、というように分子膜の破壊が進むことになります。

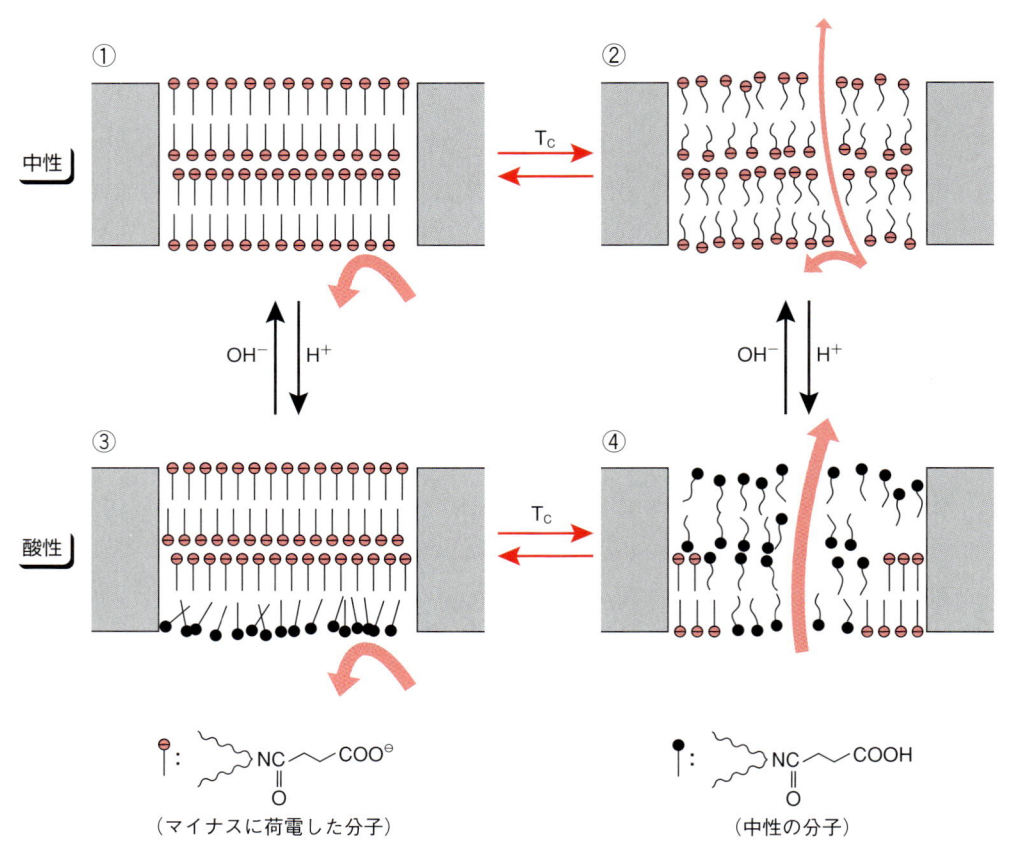

図9-12 分子膜はpHの影響を受ける

3 タンパク質と金属イオン

　次に、金属イオンがタンパク質に与える影響を考えてみましょう。金属イオンと結合できる官能基はOHやCOOH、SHなどがあります。これらは水素結合を通してタ

ンパク質の構造維持に重要な働きをしています。このようなタンパク質と重金属イオン M^+ が出会ったとしましょう。例えばSH結合なら M^+ と結合してSMとなります。ということはSH結合が保持していたタンパク質の立体構造が喪失されることを意味します。

重金属が生体に毒物として働くのはこのようなことが一因となっているのです。

4 タンパク質と温度、酸

タンパク質は微妙なバランスの上に成り立った分子です。わずかの条件変化でも影響されます。

A) タンパク質の変性

温度は分子運動の激しさの尺度です。タンパク質も分子であり、加熱すれば分子運動が激しくなります。その結果、ある温度以上になるとタンパク質の立体構造は不可逆的に変化します。この状態が変性であり、卵でたとえてみれば、生卵がゆで卵になってしまったような状態といえます（図9-13）。また酸を加えれば、例えばカルボキシル陰イオンが中和されて中性になり、あるいはアミノ基に H^+ が付加します（図9-14）。いずれにしろ、これらの置換基の構造が変化し、水素結合に影響します。すなわち、タンパク質の立体構造が変化して生理機能が影響されることになります。

なお、タンパク質の立体構造の形成には、システイン残基間の共有結合であるS-S結合（ジスルフィド結合）も重要な働きをしています。バイオ実験でよく行われるタンパク質の電気泳動法（SDS-PAGE）では、泳動サンプルに還元剤（2-メルカプト

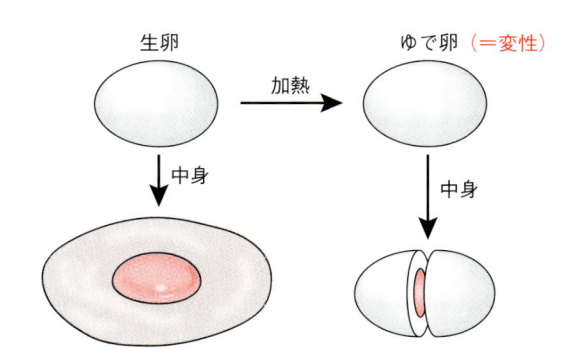

図9-13 タンパク質は加熱すると変性する

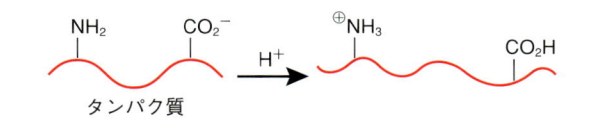

図9-14 酸はタンパク質の立体構造に影響する

エタノールなど）を加えることで、このS–S結合を切断します。さらに陰イオン性の界面活性剤SDSも加えることで、タンパク質の立体構造を壊し、変性させます。

B) 酵素の失活

酵素には活動に最適の温度、pHがあることが知られており、多くの場合、その最適温度、pHは生体の生理条件に一致します。

酵素が触媒する反応は基本的に化学反応ですから、温度が上がると反応速度は上がります。事実、無機触媒を用いた場合には、温度が高いほど反応速度は速くなります。しかし酵素はタンパク質ですから、一定温度を超えると変性して触媒作用を喪失します。この結果、酵素の作用曲線は極大をもつことになります（図9-15A）。

酸や塩基の作用も同様です。化学反応には酸によって触媒されるものがあります。酵素反応にもそのようなものがあります。このような反応は酸性度を高くする（pHの値を小さくする）と反応は促進されます。しかし、あまりに酸性度が高くなるとタンパク質である酵素が変性し、触媒機能を喪失します。この結果、作用曲線は温度の場合と同様に極大をもつことになります（図9-15B）。

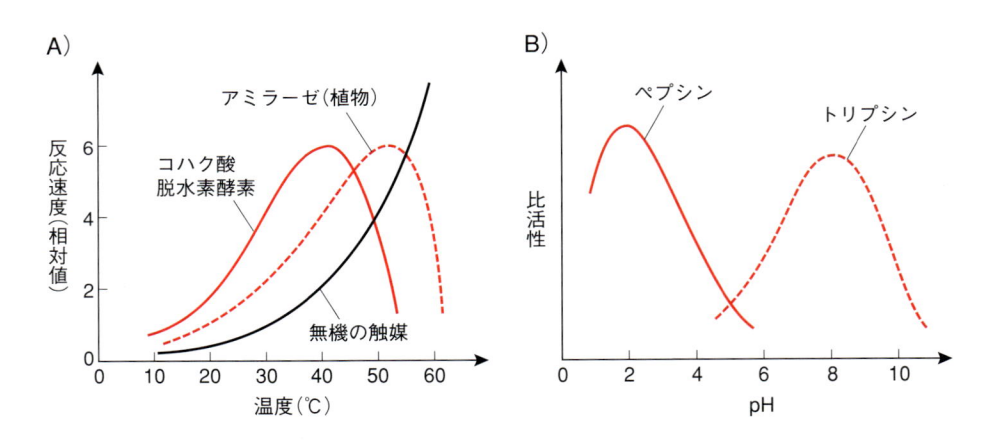

図9-15 酵素には最適温度、最適pHがある

5. 超分子の医療への応用

> 超分子は天然物として生体中で活躍しているだけではありません。現在では合成超分子を医療関係で利用しようとの試み、あるいは天然超分子を工業に利用する、など各種の研究が行われています。

1 薬剤配送システム DDS

抗がん剤はがんを治療してくれますが、なかには強い副作用をもつものもあります。抗がん剤の副作用は、抗がん剤ががん細胞を攻撃すると同時に、健常細胞までをも攻撃することに一因があります。このような副作用をなくすためには、抗がん剤ががん細胞以外を攻撃しないようにすることが鍵となります。

A) DDS のしくみ

薬剤配送システム（DDS：drug delivery system）は薬剤を患部にだけ届けようというシステムです。薬剤の運び方としては、例えばウイルスベクターを用いた方法が挙げられます。ウイルスベクターは、ウイルスとしての感染性を保ちつつ毒性をなくしたものです。このウイルスベクターに薬剤を入れ、がん細胞に特異的に感染するような仕掛けをすれば、患部にだけ直接薬剤を届けることが可能となります（図 9-16）。

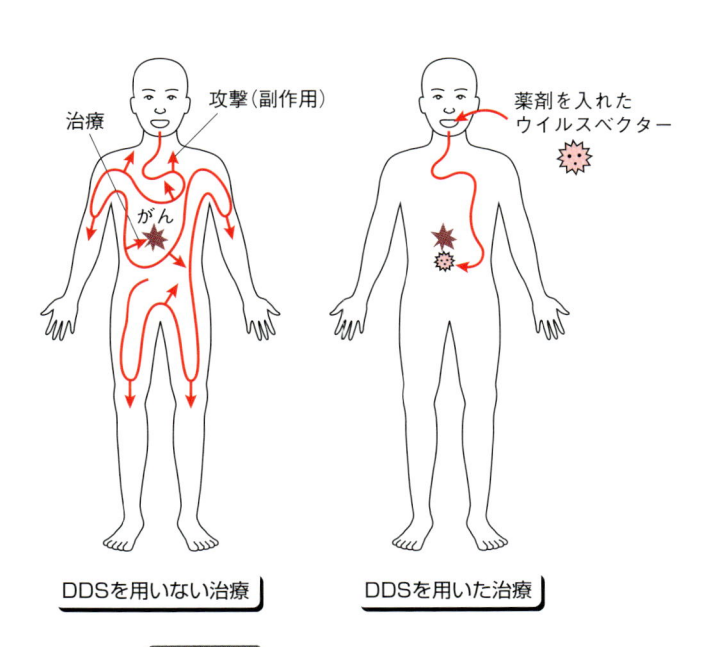

図 9-16 DDS による治療イメージ

B) ベシクルを用いた DDS

　　上の例では超分子を使っていません。超分子を利用する DDS はベシクル（脂質二分子膜でできたベシクルをリポソームと呼ぶ）を用います。ベシクルは人工的に作った細胞膜で、分子膜が 2 枚重ねになったものでできた袋です（図 9-17）。この中に薬剤を入れます。ただし、これだけではベシクルがどこへ行くかわかりません。患部に導くためのアンテナが必要です。

　　アンテナの役目をするのは抗体です。がん細胞に対して特異的な抗体をベシクルの一部に埋め込むのです。このように構成されたベシクルは迷うことなくがん細胞を攻撃し、場合によってはがん細胞を殺します。

　　またベシクルを抗がん剤そのものとして利用しようとの試みもあります。詳細は省きますが、何の抗がん作用ももっていない分子が、超分子としての構造をもつことによって抗がん作用という医療に役立つ機能を発現できる可能性があることを意味します。分子の機能の新しい発現法ということができるでしょう。

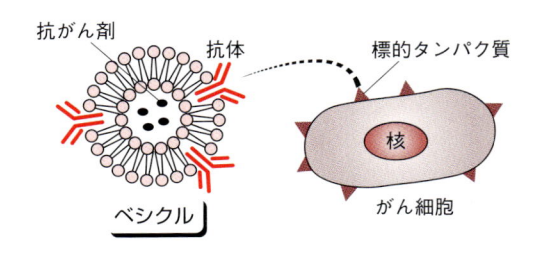

図 9-17 ベシクルを用いたがん治療

2 シクロデキストリン

　　天然超分子を利用した例もあります。数分子のグルコースが結合したもの（グルコースオリゴマー）をデキストリンといいます。そしてこのデキストリンが環状になったものをシクロデキストリンといいます（図 9-18）。グルコースの個数は 6〜8 個です。

　　シクロデキストリンは桶のような構造です。分子間力に引かれていろいろの分子がこの"桶"の中に入ってしまいます。このように分子が他の分子を取り込むことを包摂といいます。そして取り込む分子（シクロデキストリン）をホスト、取り込まれる分子をゲストといいます。

　　シクロデキストリン環と内部の分子の引力はファンデルワールス力と水素結合になるので、芳香環のようなものや、官能基のついたものが包摂されやすくなります。また、環内にスッポリと入れるように、分子の大きさも重要な因子となります。

　　シクロデキストリンを利用した身近な例にワサビの香り（練りワサビ）があります。ワサビの香りはワサビオールであり、揮発性が高いのですぐに揮発してワサビの香り

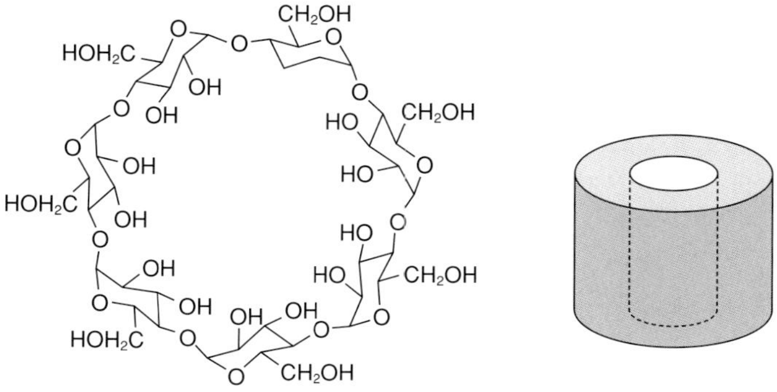

シクロデキストリン

$$CH_3-\underset{\underset{O}{\|}}{S}-(CH_2)_5-N=C=S$$

ワサビオール

図9-18 シクロデキストリンとワサビオールの構造

が失せてしまいます。そこで、ワサビオールをシクロデキストリンに包摂させて揮発しにくくするのに用いられています。口に入ればシクロデキストリンは唾液で分解され、ワサビオールが出てくるという仕掛けです。

いかがだったでしょうか？ 楽しんでいただけていると嬉しいのですが。

化学結合は分子を作る基本です。分子は化学やバイオの基本をなす物質であることを考えれば、結合論がバイオ、化学の最も基本的な部分を形作る理論であることは明らかです。

多くの基本的な理論は難しく、額に皺しないと理解が困難なことが多いのですが、結合論はいかがだったでしょうか？ 意外とヴィジュアルで面白かったのではないでしょうか？

結合論は実りと収穫の多い理論です。理解すれば、その場から応用が効きます。結合論を理解しているかどうかで分子に対する理解がまるで異なり、ひいては化学に対する理解が異なってきます。皆さんは化学さらにはバイオに立ち向かう強力な武器を手になさったのです。存分に使いこなしてください。そして、化学とバイオを楽しんでください。

参考図書

- 『アトキンス物理化学　上・下　第8版』(P. W. Atkins／著　千原秀昭、中村亘男／訳)、東京化学同人、2009
  ⇒化学結合だけでなく、物理化学全体に対する詳しい参考書。やや難

- 『化学結合の基礎　第2版』(松林玄悦／著)、三共出版、1999
  ⇒原子構造から錯体までを幅広く取り扱った参考書。中程度

- 『化学結合と分子の構造―定性的な分子軌道による理解』(三吉克彦／著)、講談社、2006
  ⇒無機化合物と錯体の構造を分子軌道の観点から詳述。かなり難

- 『基礎有機立体化学』(S. R. Buxton、S. M. Roberts／著　小倉克之、川井正雄／訳)、化学同人、2000
  ⇒有機物の立体構造と立体異性体について詳述。中程度

- 『構造有機化学―有機化学を新しく理解するためのエッセンス』(齋藤勝裕／著)、三共出版、1999
  ⇒原子構造から有機分子の構造、分子軌道法まで幅広く説明。中程度

- 『超分子化学の基礎』(齋藤勝裕／著)、化学同人、2001
  ⇒分子間力と超分子化学全般、およびコロイドについて詳述。中程度

- 『絶対わかる化学結合』(齋藤勝裕／著)、講談社サイエンティフィク、2003
  ⇒化学結合全般と分子軌道法、スペクトルなどをわかりやすく紹介。やや易

- 『絶対わかる量子化学』(齋藤勝裕／著)、講談社サイエンティフィク、2004
  ⇒原子構造と化学結合を量子化学の観点から解説。やや難

- 『数学いらずの分子軌道論』(齋藤勝裕／著)、化学同人、2007
  ⇒有機化合物の構造、分子軌道法、反応性指数について詳述。中程度

- 『バイオ研究者が知っておきたい化学の必須知識』(齋藤勝裕／著)、羊土社、2008
  ⇒有機分子の結合、構造、物性、反応性をバイオの見地から解説。やや易

索 引

和 文

あ 行

- アイソトープ …………………… 40
- アセチレン ……………………… 86
- アセトアルデヒド ……………… 98
- アニオン ………………………… 34
- アボガドロ数 …………………… 41
- アミド基 ………………………… 108
- アミン …………………………… 88
- アルコール ………………… 88, 105
- アンモニア ……………………… 87
- アンモニウムイオン …………… 136
- イオン化 ………………………… 34
- イオン化エネルギー …………… 34
- イオン結合 ……………………… 60
- イオン性 ………………………… 38
- 異性化 …………………………… 85
- 一次反応 ………………………… 53
- ウイルスベクター ……………… 175
- エーテル ………………………… 88
- エタン …………………………… 81
- エチレン ………………………… 84
- エネルギー準位図 ……………… 116
- エノール型 ……………………… 97
- エポキシ環 ……………………… 90
- 演算子 …………………………… 114
- 延性 ……………………………… 61

か 行

- 開殻構造 ………………………… 29
- 会合体 …………………………… 153
- 回転異性体 ……………………… 82
- 核分裂 …………………………… 43
- 核分裂エネルギー ……………… 43
- 核融合 …………………………… 42
- 核融合エネルギー ……………… 43
- 化合物 …………………………… 59
- 重なり型 ………………………… 81
- カチオン ………………………… 34
- 活性化エネルギー ……………… 99
- 価電子 …………………………… 33
- 価標 ……………………………… 66
- カルバニオン …………………… 34
- カルボカチオン ………………… 34
- カルボキシル陰イオン ………… 107
- カルボキシル基 ………………… 107
- 環状共役化合物 …………… 94, 128
- 官能基 …………………………… 104
- 基底状態 …………………… 30, 35
- 軌道 ……………………………… 26
- 軌道エネルギー ………………… 116
- 軌道関数 ………………………… 114
- 軌道電子捕獲 …………………… 50
- 吸収光 …………………………… 131
- 吸収スペクトル ………………… 35
- 吸収線量 ………………………… 47
- 吸熱過程 ………………………… 23
- 共鳴効果 ………………………… 111
- 共鳴積分 ………………………… 115
- 共鳴法 …………………………… 126
- 共役二重結合 …………………… 92
- 共有結合 ………………………… 63
- 極限構造式 ……………………… 126
- 局在モデル ……………………… 93
- 極性分子 ………………………… 71
- 金属イオン ……………………… 172
- クーロン積分 …………………… 115
- クラフト温度 …………………… 171
- グレイ …………………………… 47
- クロロフィル …………………… 144
- ゲスト …………………………… 176
- 結合エネルギー …………… 64, 118
- 結合回転 ………………………… 67
- 結合軸 …………………………… 66
- 結合次数 ………………………… 127
- 結合性軌道 ……………………… 115
- 結合電子 ………………………… 66
- 結合電子雲 ……………………… 70
- 結合分極 …………………… 38, 71
- 結合モーメント ………………… 112
- 結晶場理論 ……………………… 139
- ケト・エノール互変異性 ……… 97
- ケト型 …………………………… 97
- 原子 ……………………………… 18
- 原子核 …………………………… 19
- 原子間距離 ……………………… 127
- 原子軌道 ………………………… 65
- 原子軌道関数 …………………… 114
- 原子構造 ………………………… 18
- 原子番号 ………………………… 19
- 原子量 …………………………… 41
- 減衰効果 ………………………… 110
- 元素 ……………………………… 18
- 元素記号 ………………………… 19
- 高次構造 ………………………… 168
- 高スピン ………………………… 149
- 酵素 ……………………………… 174
- 構造式 …………………………… 58
- 氷 ………………………………… 152
- 混成軌道 ………………………… 76

さ 行

- 最外殻 ……………………… 32, 33
- 最高被占軌道 …………………… 131
- 最低空軌道 ……………………… 131
- 錯体 ……………………………… 139
- 三員環 …………………………… 89
- 酸解離定数 ……………………… 110
- 三重結合 …………………… 63, 75
- シーベルト ……………………… 47
- 色彩 ……………………………… 149
- 色相環 …………………………… 150

179

シクロオクタテトラエン ……94	対称関数 ………………121	ニトリル基 ……………106
シクロデキストリン ………176	体内被曝 ………………49	ニトロ基 ………………106
シクロブタジエン …94, 129	多重度 …………………31	ニューマン投影式 ………81
シクロブタジエンイオン …129	単結合 ………………63, 74	ねじれ型 ………………81
シクロプロパン …………89	置換基 …………………104	熱力学的安定性 ……23, 95
シス・トランス …………85	置換基効果 ……………110	
シス体 …………………85	中性子 …………………19	**は 行**
ジスルフィド結合 ………173	中性子線 ………………46	配位結合 ……………64, 136
磁性 ……………………149	中性子線崩壊 …………50	配位子場理論 …………141
磁性体 …………………149	超伝導状態 ……………62	配座異性体 ……………82
失活 ……………………174	直交型 …………………158	パウリの排他原理 ………28
質量数 …………………19	定員 ……………………27	発光スペクトル …………35
遮蔽 ……………………49	低スピン ………………149	発熱過程 ………………23
周期表 …………………33	電荷移動錯体 …………160	バナナボンド …………89
重金属イオン …………173	電荷移動相互作用 …63, 160	ハミルトン演算子 ……114
自由電子 ……………22, 61	電気陰性度 …………37, 70	反結合性軌道 …………116
縮重軌道 ………………128	電気泳動法 ……………173	半減期 …………………53
シュレディンガー方程式 …114	電子 ……………………18	反対称関数 ……………121
シン・アンチ異性 ………99	電子雲 …………………18	反応速度論的安定性 ……96
親水性 …………………164	電子殻 …………………24	反芳香族 ………………95
水素結合 ……………63, 152	電子殻のエネルギー ……25	非局在化エネルギー ……124
水素分子 ………………117	電子殻の半径 ……………25	非局在 π 結合 …………92
水素分子陰イオン ………118	電子供与体 ……………160	非局在モデル …………93
水素分子陽イオン ………118	電子受容体 ……………160	非極性分子 ……………71
水和 ……………………164	電子親和力 ……………35	非磁性体 ………………149
スピン …………………28	電子スピン ……………28	ヒドロキシ基 …………105
スペクトル …………35, 132	電子対 …………………29	ヒドロニウムイオン ……137
制御材 …………………52	電子配置 ………………28	ビニルアルコール ………98
正四面体構造の錯体 ……140	電子密度 ………………125	ヒュッケル則 …………130
静電引力 ………………22	展性 ……………………61	標識 ……………………54
正八面体構造の錯体 ……140	同位体 …………………40	ピリジン ………………100
遷移 ……………………35	等核二原子分子 …………71	ピロール ………………101
線質係数 ………………48	同素体 …………………59	ファンデルワールス力 …63, 156
線量当量 ………………47	トランス体 ……………85	フェノール …………98, 105
速度論的安定性 …………23		ブタジエン ……………122
疎水性 …………………164	**な 行**	不対電子 ………………29
疎水性相互作用 ……63, 162	ナフタレン ……………94	沸点 ……………………153
	二次反応 ………………53	フッ化ホウ素 …………138
た 行	二重結合 ……………63, 74	部分電荷 ……………38, 71
体外被曝 ………………49	二重らせん ……………169	不飽和結合 ……………63

index

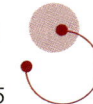

不飽和性 …………………… 60
フロンティア軌道理論 …… 133
フロンティア軌道 ………… 133
分光化学系列 ……………… 148
分散力 ……………………… 157
分子間力 …………………… 63
分子軌道 …………………… 65
分子軌道関数 ……………… 114
分子軌道法 …………… 114, 141
分子式 ……………………… 58
分子膜 ……………………… 164
分子量 ……………………… 58
フントの規則 ……………… 28
閉殻構造 …………………… 29
平行型 ……………………… 159
ヘキサトリエン …………… 123
ベクレル …………………… 47
ベシクル …………………… 176
ヘテロ二重結合 …………… 110
ヘテロ芳香族化合物 ……… 100
ペプチド結合 ……………… 109
ヘム ………………………… 142
ヘリウム …………………… 119
変性 ………………………… 173
ベンゼン …………………… 130
芳香族化合物 ……………… 94
放射性元素 ………………… 44
放射性同位体 ……………… 45
放射線 ……………………… 44
放射線量 …………………… 47
放射能 ……………………… 44
包摂 ………………………… 177
飽和結合 …………………… 63
補色 ………………………… 150
ホスト ……………………… 176
ポルフィリン ……………… 142

ま行

水 …………………………… 88
ミセル ……………………… 165

無方向性 …………………… 61
メタン ……………………… 80
メチルラジカル …………… 81
モノマー …………………… 165
モル ………………………… 41

や行

薬剤配送システム ………… 175
誘起効果 …………………… 110
誘起電荷 …………………… 156
有機分子 …………………… 59
陽子 ………………………… 19
陽子線 ……………………… 46
溶媒和 ……………………… 164

ら行

ラジカル …………………… 81
ラジカル電子 ……………… 81
リポソーム ………………… 176
量子数 ……………………… 24
両親媒性分子 ……………… 164
臨界温度 …………………… 62
臨界量 ……………………… 52
励起状態 ……………… 30, 35
連鎖反応 …………………… 51

わ行

ワサビオール ……………… 176

欧文

α線 ………………………… 45
αヘリックス ……………… 167
α崩壊 …………………… 50
βシート …………………… 168
β線 ………………………… 45
β崩壊 …………………… 50
C=N結合 ………………… 99
C=O結合 ………………… 97
DDS ……………………… 175
DNA ……………………… 169
d軌道 ……………………… 26
d軌道の形 ………………… 145
e_g軌道 …………………… 145
γ線 ………………………… 46
γ崩壊 …………………… 50
HOMO …………………… 131
K殻 ………………………… 24
LUMO …………………… 131
L殻 ………………………… 24
M殻 ………………………… 24
O=C=O結合 …………… 98
π結合 ………………… 63, 68
$\pi\pi$スタッキング …… 63, 158
p軌道 ……………………… 26
s軌道 ……………………… 26
σ結合 ………………… 63, 67
σ骨格 …………………… 84
$\sigma\pi$分離 …………………… 120
sp^2混成軌道 ……………… 83
sp^3混成軌道 ……………… 78
sp混成軌道 ……………… 86
t_{2g}軌道 …………………… 145

◆ 著者プロフィール
齋藤勝裕（Katsuhiro Saito）

　名古屋工業大学名誉教授、名古屋市立大学特任教授、名古屋産業科学研究所上席研究員。

　大学に入って以来40数年、化学一筋できた超まじめ人間。専門は有機化学から物理化学にわたり、研究テーマは「有機光化学」、「有機電気化学」、「超分子化学」、「環状不可反応」、「不安定中間体」、「有機超伝導体」、「有機半導体」、「有機金属化合物」、「有機EL」、「有機色素増感太陽電池」と、気は多い。

　執筆暦はここ数年と日は浅いが、出版点数は70点を超え、量子化学から生命化学まで、化学の全領域にわたり、さらには金属や毒物にまで広がるなど、いたって気が多い。名古屋のテレビ局で化学物質の解説を行うなど、頼まれると断れない性格である。

　趣味はアルコール水溶液鑑賞を第一とし、ベランダ園芸でベランダをジャングルにしているほか、釣り、彩木画（木象嵌、木製モザイク）作成、ステンドグラス作成、木彫とこれまた気が多い。彩木画は作品集を出版し、文化講座で教室を開いている。自宅の壁という壁は彩木画とステンドグラスの作品で埋まり、美術館と倉庫が一緒になったような家と言われる。

　時々チェロをこすっては学生さんに迷惑をかけ、時折五目釣りに出かけては小魚を釣って帰り、料理をせがんで家人に迷惑を掛けている。最近はハムスターを引っ張り出して顔をなめ、ハムスターに迷惑がられている。ハムクンごめんなさい。

バイオ研究者がもっと知っておきたい化学 1
化学結合でみえてくる分子の性質

2009年10月20日　第1刷発行	著　者　　齋藤勝裕
	発行人　　一戸裕子
	発行所　　株式会社　羊　土　社
	〒101-0052
	東京都千代田区神田小川町2-5-1
	TEL　　03（5282）1211
	FAX　　03（5282）1212
	E-mail　eigyo@yodosha.co.jp
	URL　　http://www.yodosha.co.jp/
	装　幀　　ペドロ山下
© Katsuhiro Saito, 2009. Printed in Japan	印刷所　　株式会社　三秀舎
ISBN978-4-7581-2006-7	

本書の複写にかかる複製，上映，譲渡，公衆送信（送信可能化を含む）の各権利は（株）羊土社が管理の委託を受けています。
JCOPY ＜（社）出版者著作権管理機構　委託出版物＞
本書の無断複写は著作権法上での例外を除き禁じられています。複写される場合は、そのつど事前に、（社）出版者著作権管理機構（TEL 03-3513-6969、FAX03-3513-6979、e-mail：info@jcopy.or.jp）の許諾を得てください。

「これくらいは知っておいてほしい」という声から生まれた1冊！

バイオ研究者が知っておきたい 必須 化学の知識

著／齋藤勝裕

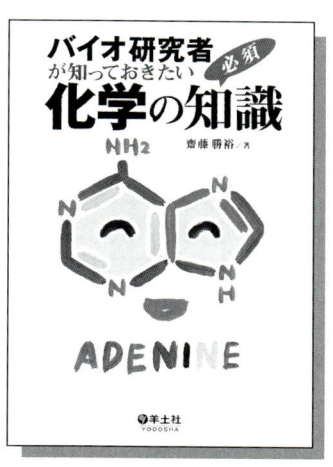

もっと初歩的で，もっとバイオと直結した化学を知りたい方へ，あらゆるバイオを化学の観点から幅広く解説．膨大な図とわかりやすい解説で，研究に役立つ知識がいっぱい！

- DNA構造解明の鍵となったX線回折像からわかること
- エチブロはどうしてDNAと結合したときだけ光る？
- エタ沈の原理は？EtOHより効率的なアルコールは？
- 解離定数から相互作用の強弱はどう判断する？
- RIの"P"は放っておくと"S"になる？　などなど

バイオの話題とからめて化学の超基本が身につく！

■定価（本体3,200円＋税）
■B5判　■183頁
■ISBN978-4-7581-0732-7

実験系の組立て方・改良法がわかる！

最適な実験を行うための バイオ実験の原理

分子生物学的・化学的・物理的原理にもとづいたバイオ実験の実践的な考え方

著／大藤道衛

なぜ，あなたの実験はうまくいかないのか…．実験法の原理がわかれば実験のコツがわかる！バイオ実験ってこういうものなんだ！と納得の，目からウロコの入門書！

■定価（本体3,800円＋税）■B5判
■227頁　■ISBN978-4-7581-0803-4

試薬の適切な知識が，実験の成否を分ける！

ライフサイエンス 試薬活用ハンドブック

特性，使用条件，生理機能などの重要データがわかる

編／田村隆明

生理活性物質，酵素，阻害剤，蛍光／発光試薬などバイオ実験で必須の試薬・物質約700点の重要データを網羅！各試薬の性質や使用条件，生理機能，入手先などの知識を押さえてトラブル回避！

■定価（本体5,600円＋税）■B6判
■701頁　■ISBN978-4-7581-0733-4

発行　羊土社 YODOSHA

〒101-0052　東京都千代田区神田小川町2-5-1　TEL 03(5282)1211　FAX 03(5282)1212
E-mail: eigyo@yodosha.co.jp
URL: http://www.yodosha.co.jp/

ご注文は最寄りの書店，または小社営業部まで

研究に役立つ羊土社オススメ書籍

『実験医学』大人気連載が単行本化！

やるべきことが見えてくる
研究者の仕事術
プロフェッショナル根性論

著／島岡 要

研究者に必要なのは知識や技術力だけではない！時間管理力・プレゼン力など，10年後の成功を確実にするために必要な心得を，研究者ならではの視点で具体的に解説．『実験医学』の大人気連載，待望の書籍化！

- 定価（本体2,800円＋税） ■ A5判
- 179頁 ■ ISBN978-4-7581-2005-0

論文執筆の即戦力になる！

ライフサイエンス論文を書くための
英作文&用例500

著／河本 健，大武 博
監修／ライフサイエンス辞書プロジェクト

大好評ライフサイエンス英語シリーズの決定版！主要な学術誌約150誌，7,500万語をもとに文章パターンを徹底解析．スラスラ書くコツは主語と動詞の選び方にあった！すぐに書き始めたい人にオススメ！

- 定価（本体3,800円＋税） ■ B5判
- 229頁 ■ ISBN978-4-7581-0838-6

将来を考える時，必ず力になる！

博士号を
取る時に考えること
取った後できること
生命科学を学んだ人の人生設計

著／三浦有紀子，仙石慎太郎

『実験医学』の好評連載が待望の単行本化！博士に必要なスキルとは？博士号を活かした生き方とは？将来と真剣に向き合う時，必ず力になる一冊．実際に道を切り拓いた先輩の声も満載！

- 定価（本体2,900円＋税） ■ A5判
- 239頁 ■ ISBN978-4-7581-2003-6

ゲノム医療の全体像がよくわかる！

「ゲノム医学からゲノム医療へ」改訂新版
これからの
ゲノム医療を知る
遺伝子の基本から分子標的薬，オーダーメイド医療まで

著／中村祐輔

超高速シークエンサーの開発により急進展するゲノム研究．SNPに続く新たな多型CNV，癌の分子標的薬など，注目のトレンドを多数収録．来るべきパーソナルシークエンス時代を先取る入門書．

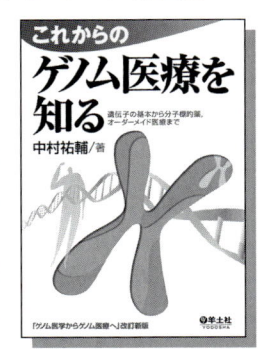

- 定価（本体3,200円＋税） ■ B5判
- 126頁 ■ ISBN978-4-7581-2004-3

発行 羊土社 YODOSHA
〒101-0052 東京都千代田区神田小川町2-5-1　TEL 03(5282)1211　FAX 03(5282)1212
E-mail: eigyo@yodosha.co.jp
URL: http://www.yodosha.co.jp/

ご注文は最寄りの書店，または小社営業部まで